みみず物語

循環農場への道のり

小泉英政

◇コモンズ

まえがき

農薬や化学肥料を用いない有機農業を二五年ぐらいやってきた。でも、いきづまりを感じ、一から出直すことにした。

牛糞堆肥をやめた。鶏糞や油かす、魚粉などもやめた。外から買い求めるのは米ぬかだけ。その代わり、野菜くずや雑草、畑から出るすべての有機物を大切に野積みし、雑木林に通って落ち葉を集めた。

ビニールハウス、ビニールトンネル、ポリマルチ、みんなやめた。野菜はすべて露地栽培。一八〇種類ほどの野菜を次々と畑に播いた。種は、できるだけ自家採種だ。

食べられる堆肥、食べられる肥料、食べられる飼料、食べられる種、食べられる土をめざした。ここまでくると、なんて頑固で偏屈な人間かと思われるかもしれない。でも、本人はいたって楽天家、暗中模索を趣味とする世間知らずの芸農人。

ワクワク、ドキドキ、手さぐりだから、おもしろい。新しい発見や予期せぬできごとが巻き起こり、道は循環農場へ続いていく。

もくじ●みみず物語――循環農場への道のり

装丁・原 美穂

落ち葉はき

榎の林で

昔話にタヌキやキツネが人間をまるめこむ話があった。小判だと思って懐《ふところ》で暖めておいたら、酔いが醒《さ》めると一枚の葉になっていたという話。一枚の小判が一枚の葉なのだ。きっと、人びとが冬の時期に競い合って落ち葉を集め、堆肥などにしていたころは、一枚の葉もそれほどの価値がある大切なものだったと思う。

いまはといえば、「農的価値の回復」とか「地球環境の保全」とか、言葉だけが紙の上で躍っている。雑木林の中で落ち葉を集めている「変わり者」を見つけることはむずかしい。

ぼくが雑木林で集めているものは、落ち葉だけではない。まず、落ち葉はきの手順として、林の中の整理がある。篠竹《しのだけ》や真竹《まだけ》がやぶの状態になっているのを、山刈り用の鎌で刈り取ることから始める。

細い篠竹は一カ所に集め、一かかえずつ紐《ひも》で束ねる。持ち帰り、動力切断機で刻んでから発酵させ、「篠竹堆肥」をつくる予定だ。竹には作物の体を強靭にするケイ酸という成分が多く含まれているので、倒れやすい作物に施してみようと思っているからだ。

真竹は根元から鋸《のこ》で切り倒し、鉈《なた》で枝を落とす。それから二メートルほどの長さに切り、稲のおだ掛け(稲架《はざ》掛け)用の足にする。おだ掛けの風景も、この三里塚《さんりづか》あたりでは珍しくなってきた。わが家では稲を自然乾燥している。農業の面からいえば稲ワラが必要だからだ。稲ワラがもつ保温性や微妙な湿乾のバランスは、どんな農業資材でも太刀打ちできない。そのおだ足用の真竹は、二〇本ずつ束ねる。おだ足にするにはちょっと心もとないものは、インゲン豆などが巻きつく支柱として別に束ねておく。

紐で束ねるものは、もう一種類ある。地面に横たわったり立ち枯れ状態になっている枯れ木や枯れ枝、そして枯れた竹などだ。すっかり表皮が風化して、白骨と化した枝を拾い上げると、その軽さにハッとさせられる。それらは五右衛門風呂の薪《たきぎ》となる。一かかえで、一家四人が入る一晩の湯を沸かす。

篠竹や真竹などが数束できあがり、少し体がほてるころになると、林の中の様子は別世界に見えてくる。見通しがきかなかったやぶの状態から、空間がぐーんと広がって、何よりも木が足元からすっきりと見える。林立する榎《えのき》の幹は、すくっと冬空に伸びていく。

落ち葉はきの喜びのひとつは、そんな空間を生み出すことにある。

雑木林はむかしから、人の手が入ることによって維持されてきた。長らく人の手が加えられなかった林では、篠竹や真竹がびっしりと林間を埋め尽くし、立ち木は窒息死していた。立ち枯れした幹にはきのこが生え、木の養分を吸い取っていた。林の中の権力を握った竹たちも、そのうち極限にまで増え続け、自滅する運命にある。そのような荒れた林に比べると、周囲の竹を取り払われたぼくの目の前の榎の林は、ホッとした表情で冬の空のほうを向いて、深呼吸しているようだ。

さて、いよいよ落ち葉はき。しゃがみこんで落ち葉の積もり具合を見る。榎の葉は薄っぺらい。まるで茶系統の色見本でも見るように、薄茶からこげ茶、そして黒へと、地面に近くなるにつれて変色していく。形はしだいにボロボロになり、ついには土壌生物たちの腸を通って、団粒状の糞になっている。そのそばには白の菌糸が繁殖し、有機物をおごそかに分解している。

一枚の葉は黄ばみ、枝から離れ、地面に落ち、それで使命を果たしたわけではない。風雨にさらされ、朽ち、みみずやダニやワラジムシなどに喰いちぎられ、形をなくすまで、一枚の葉に意味があった。その一枚一枚をごっそりいただくのである。

葉だけではない。セミのぬけ殻、カタツムリの殻、小鳥やウサギたちの糞、きのこの胞子、雑木林に生きる何百種類の生きものたちの記憶や想い出までも、かき集め、さらってしまうのである。落ち葉をかき分けながら、まじまじと足元の世界を見ていると、複雑な気持ちになってくる。

自分が生き、人が生きることを良しとして
榎の落ち葉をはいている
何億枚もの葉を集め
ナスやピーマンの発芽を待つ
何のお返しもできませんが
ぼくが死んだら
その灰をあなたの根元におかせてください
自分が生き、人が生きることを良しとして
ときおり祈りながら
熊手で落ち葉をはいている

落ち葉はきに必要なのは、熊手と南京袋《なんきん》だ。三メートル四方ぐらいずつ熊手でかき集めていくと、林の中に枯れ葉の山がいくつもできていく。それを南京袋に入れる。南京袋とは穀物を入れるために麻糸を粗く織った大きな袋で、このあたりでは脱穀した落花生を入れるのに用いられる。地面に南京袋を寝かせ、その口を開いて、落ち葉を手で袋の中に押し込む。三回ぐらいに分けて入れ、そのたびに足で踏み込んでやると、よく詰まった状態になる。南京袋一杯の落ち葉の重さは一五キロほどか。袋の口を針金で縫い閉じて、ヨイショと肩でかつぐ。

目標は一〇〇袋の落ち葉を集めること。それだけあれば、ナス、ピーマン、トウガラシ、セロリ、ミニトマトなどの苗床の持続する熱源を確保できる。

落ち葉はきは、畑で農作業ができない日、たとえば強風の日や厳寒の日にうってつけの仕事だ。どんなに風が強くても、雑木林に入れば、外で吹いていた風が嘘のようだ。そんな日は仕事を休めばいいのに、物好きというか、ついつい足は林に向いてしまう。落ち葉はきはぼくにとって、仕事というよりは遊びに近いのだ。

日曜日の午後、中学三年生の息子の双君《そう》が、「お父さん、午後から何するの。山に行くの」と聞いてきた。平坦なこの地では、雑木林のことを「山」と呼んでいる。「そうだなあ、山にでも行くか」と言うと、「俺も行く」とすかさず言う。受験が間近いのに、いいのかなあと思いつつ、二人で雑木林へ。

双君は藤の蔓《つる》などを木にしばりつけて、ぶら下がったり、ターザンごっこ。「幼いなあ」

と眺めながら、こうして雑木林に親しむことは何ごとにも代えがたいと思う。

ぼくはぼくで、手を休めてバードウォッチング。あたりまえのことだが、雑木林には雑木林の野鳥たちがいた。それらは畑でよく見かけるセキレイ、モズ、ヒヨドリ、ツグミなどと明らかに違う。特徴を記憶にとどめ、家に帰ってから野鳥の図鑑で調べてみる。羽の色がとてもきれいなルリビタキ、白と黒との対照が鮮やかなシジュウカラ、そして鳴き声がはっきりしているアトリ科の仲間のシメ、このあたりにはいないだろうと勝手に思い込んでいたコゲラ。小鳥たちとの出会いが、また雑木林に行く楽しさを広げる。

この榎の林は、数知れないほどの雑木林をつぶしてきた空港公団(正式名称は新東京国際空港公団)の所有するものだけれども、いまこのとき、この林は、まさにここにいる者以外のだれのものでもない。ルリビタキやタヌキやモグラのもの。榎やコブシや野ブキのもの。

赤松の遺言

ぼくが三里塚に暮らし始めた一九七〇年代初め、どの山にもそよ風が似合う赤松が生えていた。北海道で唐松《からまつ》を見ながら育ったぼくの目に、赤松の肌の色はとても新鮮に映った。そのころは、まだ落ち葉はきをする人たちが村々にはいて、きれいに下草が刈られた赤松林や雑木林があちこちにあったものだ。秋のきのこのシーズンには、ハツタケというきのこを求めて、人びとは赤松林をウロウロ歩いた。

松はやせた土に生育する樹木と言われている。むかしから松林の落ち葉や下草が、付近の農民たちに集められ、堆肥として田畑に入れられていた。だから、松林の土は肥える暇がなく、その結果いつまでも松林であり続けていたのだ。赤松がしだいに枯れ始め、台風などのたびに一本、二本と無念にも倒れ出したのは、三里塚に住んで一〇年も経たないころだった。

農村では機械化が急速に進み、化学肥料や農薬が大地に投入され続けていく。落ち葉はきなどする人がなくなり、森や林は農業用のポリマルチや家庭の粗大ごみなどの捨て場所になった。森や林も、ごみ同然になったのだ。

農村の風景が荒廃していくのと並行して、空港がしだいに姿を現し、騒音や排気ガスが北総《ほくそう》大地周辺に撒き散らされていった。いまでは、山で赤松を見つけることはむずかしい。

林の中を歩くと、地響きを立てて倒れたであろう赤松の遺体に出会うことがある。松を枯れさせたのは松喰い虫だとして、なぜ松喰い虫が、すべての赤松を滅ぼすほど異常発生したのか。社会の変化、環境汚染、日本という国が抱えている病が、赤松のある風景をなくしたのだと、ぼくは思っている。

　赤松を滅ぼしたひとりの人間として
コナラの落ち葉をはいている
メジロやシジュウカラの声を聞きながら
シラカシの落ち葉をはいている
また一から赤松を育てられるかもしれない
そんな予感がする

身近な森に心の家を建て
そこから田や畑に通い
湧き水でのどをうるおし
小川で足を洗い
また一から赤松とつきあうことができるかもしれない
そんな予感がする

（『三里塚情報』第三六〇～三六四号、一九九五年一～三月）

きのこ道

ブナの林できのこ狩り

赤松のあった風景が夢のように消えてなくなると、ハツタケも当然ながら生えなくなった。三里塚の秋はその分、寂しくなる。このあたりできのこというとハツタケを指す。ハツタケ以外はきのこではない、というほどなのだ。

ハツタケは傘の色が枯葉色に似ていて、とても見つけにくい。素人《しろうと》はただただ、広い赤松林の中をウロウロするばかり。ところが、玄人《くろうと》はそうではない。早朝まだ朝露が光っているうちに、まるで散歩でもするように自分の縄張りをひと回りしてくると、かごにはたくさんのハツタケが重なり合っているのだ。

ぼくも何度か赤松林にもぐりこんでみたが、首をかしげて戻ってくることが多かった。ときには二〜三個のハツタケを「大発見」して、ハツタケご飯の香りに酔いしれたこともあったけれど……。

赤松林がなくなって、だれもきのこの話をしなくなった。たまに耳に入るのは、九十九里浜の海岸沿いの松林で見つけたという話や、富士山の裾野まで行くと、ハツタケの仲間のアカモミタケというきのこがいくらでも採れるという話などだ。そのアカモミタケをいただいたこともあったが、ハツタケのおいしさにはとても及ばなかった。もう三里塚近辺にはきのこはない。そう思い込んで一〇年ほど過ぎた。

膝《ひざ》の療養のために、冬の農閑期に二週間ほど山奥のひなびた自炊の温泉で体を休めたことがある。その宿の若旦那《だんな》は、もともとは山歩きが好きな都会の人で、吾妻《あづま》山麓を山歩きしたときにその宿に立ち寄り、何度か訪ねるうちに、ひとり娘さんと結ばれた。彼と酒を酌み交わしながら、いつしか話題はきのこのことになる。彼はきのこのシーズンになると、宿のお客さんをもてなすために、毎日きのこ狩りに出かけるという。

「一度、ついて行きたいなあ」

「それじゃ、今年の秋に来なよ」

「秋は忙しいからね。稲刈りが終わったころでも、きのこはあるだろうか」

「そのころがこっちもいいや。紅葉のシーズンは宿も大忙しで、一〇月の終わりごろだと少しは暇になるし」

きのこ狩りに同行する話がまとまって、実際に訪れたのは一一月に入ってからだ。ツキノワグマも出ると聞いていたので、さぞ奥深い山かと想像していた。ところが、彼が軽自動車で案内してくれたのは、行けども行けども丸裸の山。営林署の人びとに伐採された山山が続いていた。

山道に入って一五分ほど走ったろうか。やっとブナの自然林に到着する。そこに数歩、足を踏み入れると、それまでの丸裸の山々が嘘のような、物静かなしっとりとした森の空気が、ぼくらを包んでくれた。きのこを採ることよりも、ぼくはまずその森のたたずまいに心を奪われる。神々しいほどのブナの大木たちに囲まれて、ぼくは幸福なひとときを過ごした。

「やがて、この木たちも切られてしまう」

彼は怒りを抑えて、静かな口調で言った。

初冬という季節柄、採取できたのはムキタケ、エノキタケ、コガネタケ。その夜はさっそく、きのこ鍋。酒がすすんでいくうちに、彼がこう言ってくれた。

「今度、舞茸採りに案内するから」

他人には生えている場所は決して教えないという幻のきのこ、天然の舞茸採りに連れていってくれるとは。

「絶対ですよ」と約束して、彼の手を握った。

エノキタケとの出会い

なのに、三里塚に帰ってきてから、少し消化不良が続いた。きのこ鍋のせいではない。自分自身に不満が残ったのだ。きのこを採ったといっても、彼に案内されて見つけたにすぎない。それに遠くに出かけることはときにはいいが、もっと身近な場所にきのこがあるのではないか。

山芋掘りに行ったとき、木の切り株に腐りかけたきのこの老菌を見かけたことがあった。あれは何のきのこだったのか。キクラゲは以前から何度も近くの山で採取していた。とくに、ニワトコという木の枯れ枝にたくさん生えている。雨あがりにキクラゲを採りに行ったとき、やはり木の切り株に、食用になりそうなきのこが生えていたことがあったが、あのきのこは何だったのか。

東北の山中で彼に教えられたエノキタケと、以前、三里塚の山で出会った謎のきのこのことが、どうも結びついてくる。エノキタケはユキノシタとも呼ばれる。雪の下で凍ったままでも生きのび、成長する、冬のきのこだ。傘の色が茶褐色、表面にぬめりがあって、ひだは白、柄はビロード状。きのこのガイドブックのエノキタケのページを何度も読み返して、一一月の終わりごろ、ぼくは近くの雑木林に向かった。

その林では、近くの農家の人が風呂の燃料に、榎の木を毎年数本ずつ伐採していた。その切り株にエノキタケが生えているかもしれない。林に向かうぼくの心臓は少し高鳴っている。それは朽ちかけた切り株に、やわらかな光を放ってたたずんでいた。

「やっぱり、いたのか」

ぼくは心のなかで叫びながら、エノキタケの一株を切り株から引きはがす。それは市販されている人工栽培のものとは、まったく別ものだった。うるおいのある茶褐色の傘、つやのあるビロード状の柄。ぼくは宝物を手にするようにエノキタケに見とれていた。

いまから思えば、そのエノキタケは、ぼくが見つけたというよりは、何者かがそこに導いてくれて、出会えたのではないか。

「やっと来たね、待っていたんだよ」

エノキタケはそう言った。

その日、ぼくは鼻高々で家路についた。買物袋にはいっぱいのエノキタケだ。

「やっぱりあったんだよ。しかもこんなに」

台所のテーブルの上に、採りたてのみごとなエノキタケを並べながら、つれあいの美代《みよ》さんの前でぼくは少し興奮気味だった。

「すごいね。でも、本当にエノキタケなの」

美代さんの疑いは当然だ。きのこを誤食して家族で死亡するという痛ましいニュースを耳にすることもある。

その夜、ぼくは大根、人参、ネギなどの野菜とエノキタケたっぷりのきのこ汁を一人でたらふく食べた。ぼくには確信があったから、念願のきのこ汁はことのほかうまかった。

美代さんは、ぼくがそのきのこを食べて体に変化が起きないことを、一度だけでなく三度は確認してからでないと食べないと言う。それは賢明なこと。ぼくは喜んで実験台になる。寒い日のきのこ汁は、体を芯から暖めた。

いまでは、美代さんもエノキタケの大ファンだ。エノキタケとネギの炒めものは、ネギの甘みとエノキタケのとろみとが相まって、わが家の冬のおもてなしには欠かせない一品となっている。

たくましく生きていたきのこたち

その日からぼくは、暇を見つけてはきのこ探しに夢中になっていく。きのこのシーズンは一般に秋だと思われているが、春夏秋冬どの季節にも出没した。また、場所を選ばずどこにでも発生した。畑、堆肥場、雨ざらしの古畳の上、竹林、雑木林、はたまた墓地にまで。色といい、形といい、実に多彩で多様なきのこたち。そのきのこの名前は何なのか、毒はあるのかないのか。怖いもの見たさ、でも引き返すことのできない魅力的な世界が、急速にぼくの目の前に広がっていく。

こうなったら、三里塚近辺にいったい何種類のきのこがあるのか、食用になるのもならないのも、とにかくどんなきのこでも採集してみようという気になる。そのために、ぼくは少し高い一冊の本を思い切って買ってみた。山と溪谷社発行の『日本のきのこ』（今関六也ほか編著）で、定価は四六三〇円。ずっしり重いこのガイドブックには、日本で見られるきのこが九四五種類も収録されていた。そして、三里塚にはもうきのこはないと思い込んでいたことが滑稽なほどに、次々にきのこは現れる。そのたびに、ぼくは心のなかで奇声を発した。

「どうだい、ここも捨てたもんでないだろう」

きのこたちは口々にそう言った。

ぼくが三里塚に暮らし始めたころに比べると、ずいぶんと荒廃した自然のなかで、きのこたちはひっそりと、でもたくましく生きていた。ぼくが気づかなかっただけなのだ。

きのこを探すということは、ぼくの行動範囲を広げるということだった。いままで入った経験のない林の中に、分け入るからだ。新しいきのことの出会いに加えて、新しい地形や新しい樹木との出会いがぼくを待っていた。きのこ探しは、身近な自然について考えるきっかけともなっていった。

暇を見つけては、林にもぐりこんでいくぼくの姿を、部落の人は首をかしげて眺めていた。「小泉はおかしくなってしまったか」と言わんかのように。

ハツタケ以外はきのこではないという人びとにとって、それは当然の反応だ。

「毒きのこにあたっても知らないぞ」

そう忠告してくれる人もいた。

初心者にとって助かったのは、冬の時期、エノキタケやヒラタケ以外に紛らわしいきのこが生えないことだった。毒きのこを手に入れたくても、見つけるのは不可能なのだ。だれもぼくのあとについてこなかったおかげで、ゆっくりと山の幸をひとり占めできた。

何度かエノキタケを探すうちに、おのずと林の中にぼくなりの道ができるようになった。エノキタケの発生する場所は決まっていて、その点と点を結んでいくと道が生まれてくる。穏やかな日も、風の日も、雨の日も、雪の日も、ぼくは何度となくその道を通った。その道を、ぼくはきのこ道と呼んだ。

きのこ道で見つけたきのこは、名前が判別したもので九〇種類にのぼった。そのうち食用になるきのこは二十数種類、毒きのこは一三種類だ。九〇種類以外にも、名前のわからないきのこがたくさんあった。日本産のきのこの推定種類は、四〇〇〇とも五〇〇〇とも言われている。『日本のきのこ』に載っているのはそのうちの五分の一程度なので、わからないきのこがあるのは当然だ。

きのこを特定するには、念には念を入れた。きのこ好きの知人がいい加減な判断のもとに、家族にまで食べさせたことがあったのには驚いた。それが毒きのこでなかったから、胸をなでおろしたが……。中途半端な判断は厳禁だ。きのこ全体の形、どの季節に発生するものか、発生した場所はどこか（松林か、広葉樹か、草地か、畑かなど）、地面に生えていたのか、何の木に生えていたのか、傘の色や模様、ぬめりがあるかないか、ひだが何色で密か粗か、柄の色や形、ときには匂いや傷つくと青変するかなど、一つ一つのきのこが特徴とするものすべての条件を満たして初めて、そのきのこの正体がわかる。

しかし、正体がわかったとしても、初めて食べるには多少の勇気がいる。九九・九％まではよいとして、残りの〇・一％。あとは自分を信じるかどうか。最後は、自分を食べるのだ。

いままでに三里塚で採集し、食べてみたきのこをあげてみよう。

エノキタケ、ヒラタケ、キクラゲ、アラゲキクラゲ、ナラタケ、コムラサキシメジ、コザラミノシメジ、ツエタケ、イタチタケ、アワタケ、カワリハツ、オニイグチモドキ、イロガワリ、タマゴタケ、ウラグロニガイグチ、カラカサタケ。それに、きのこ仲間が見つけてきたムラサキヤマドリタケ、チチアワタケ。

以上が、ぼくのお腹におさまった。とりわけ、エノキタケ、ヒラタケ、アラゲキクラゲ、ツエタケ、タマゴタケにはお世話になっている。きのこにはガンを抑制する成分も含まれているとかで、ぼくにとっては、きのこ様さまなのだ。

きのこ道で出会った九〇種類のきのこたちを一堂に並べられたら、なかなかみごとな光景だと思う。色の多彩なこと、形のさまざまなこと。それらの多くはワラや落ち葉、木材などを分解する菌だ。きのこがなければ、実は有機農業も成り立たない。きのこは百姓にとって、欠かせない大切な友なのだ。堆肥の山に発生するヒトヨタケに、感謝するようでありたい。そして、毒きのこにも、畏敬の念を感じるようでありたい。

きのこ道をどきどき行くよ
あの木の下でまた会えるかな
きのこ道をどきどきどき
きのこに恋してどうするの
きのこ道をわくわく行くよ
きのう歩いた道なのに

思わず声を出してしまう
きのこ道をわくわくわく
あなたの名前は何ですか

きのこ道をとぼとぼ帰る
今日はだれにも会えなかった
きのこ道をとぼとぼとぼ
風に吹かれて家に帰る
また会えるよね、きのこ道
また会おうよね、きのこ道

（『三里塚情報』第三六五〜三六七号、一九九五年四〜六月）

谷津田の風景

湧き水がいのち

今年(九五年)は本格的な梅雨空で、来る日も来る日も雨だらけ。畑仕事は無理なので、カッパを着てせっせと田んぼに通った。梅雨のおかげで、今年ほど田んぼの草取りを堪能したことはない。

少し蒸し暑い日は、缶ビールを冷たい湧き水につけておく。草取りを終えてから田んぼで飲むビールは最高だ。汗だくな体、カラカラなのどに、しみわたる。稲の葉先をゆらす風、その上空をオニヤンマがゆうゆうと飛んでいる。ほどよい酔いごこち。今年は米が穫れそうだ。

わが家の田んぼの周辺には、湧き水が数カ所ある。どんな日照りの年にも、その水は枯れたことはない。しかし、田んぼをつくり始めた当初、あまりこの湧き水に着目しなかった。田植え前の代《しろ》かきなど大量の水がほしいときは、一五〇メートルほど上流の小川を堰《せ》き止めて、その水を水路に流し、田んぼまで引き入れた。

ある日、あまりにも田んぼの水が少ないので、一晩ぐらいは水を入れ放しにして大丈夫だろうと思って、堰き止めたまま帰宅したことがあった。ところが、真夜中にどしゃ降りの雨。川が堰き止められていたために、小川のすぐそばの田んぼへ濁流が流れ込んでしまい、後日その地主さんからお叱りを受けた。そんなことがきっかけで、少し考えを改めた。生活排水が流れ込んでいる可能性のある小川の水をわざわざ引いてこなくても、湧き水で充分に足りるのではないか。

湧き水は、田んぼの上にある畑や雑木林に降った雨水がゆっくりと地層を通過し、時間をかけてろ過されてきた、とてもきれいな水だ。のどが渇いたときなど、ぼくはその湧き水を飲むが、いまだかつてお腹をこわしたことはない。湧き水の出る水路《みお》には、お腹の真っ赤なイモリが棲息している。イモリは水がきれいなところでないと生きられないという。

このきれいな水だけで稲を育てられるのは幸福なことだ。パイプラインで送られてくる農業用水は、蛇口をひねれば水が噴き出てとても便利だけれども、そのまま口に含むことはできないだろう。

ただし、湧き水をすぐ田に流し込むと、冷たすぎて稲の成育を阻害するし、イモチ病などの原因となる。一時的に貯めておく池が必要だ。田んぼの一番北側、コナラの大木の樹の下は毎年稲の成育が悪いので、そこに細長い遊水池をつくった。湧き水は一度に出る水の量は多くないが、こんこんと尽きることなく出てくるので、ひと仕事しているうちに池は満たされた。お日さまの光が水面に降りそそぎ、少しぬるまった水が田んぼの中を這《は》うように流れていった。

生きものの宝庫

蛙合戦《かわずがっせん》をご存知だろうか。わが家の田んぼは毎年、合戦の地なのである。ぼくはその様子を三度ほど目撃した。三月か四月のある日、アズマヒキガエル（ガマガエル）が何十匹も集合する。田んぼはパーティー会場、そしてオスガエルがメスガエルを奪い合う大乱闘のリングと化す。その乱闘たるや、すさまじいもので、午前中から日没近くまで泥まみれの大騒ぎ。生殖本能のなせるわざで、その日の田んぼはガマガエルの天下だ。

どうしてその日と決められるのか、だれかが「やるぞ」と声をかけるのか、ぼくにはわからない。朝から争いに参加しているのもいれば、午後の三時ごろ、斜面を転がり落ちて入場する蛙もいる。ただ、素人判断でこう推測する。この田んぼで生まれたカエルたちが、帰巣本能で集合するのではないか。そして、わが家の田んぼが湧き水が豊富で、どんな年でも産卵に適した場所であるということを、カエルたちが知っているのではないか。同じ谷あいの長い谷津田《やつだ》のなかで、このような蛙合戦の場所が何カ所あるのか、調べてみるのもおもしろいと思う。きっと、そこも水の豊かな、趣のある場所だろう。

わが家が耕している田んぼは、典型的な谷津田だ。『広辞苑』(第三版、岩波書店)には、谷津田のことが次のように書かれていた。

「台地にはさまれた細長い谷にある水田。腰まで浸かるような強湿田が多く、また用水源としては台地からのしみだし水に依存するしかないので、生産の低位、不安定を免れない」

ぼくはこの説明を読んで、「プッ」と吹き出してしまった。この文章を書いた人には谷津田に対する偏見があると思ったからだ。谷津田にあるのは暗いイメージだけではない。たまたま蛙合戦をいっしょに目撃してしまった実習生のKさんが、「スゲエ」「スゲエ」と目を輝かし、夢中でシャッターを切っている。

たしかに谷津田は、生産性の面からみれば条件の悪い田んぼだ。田んぼの所有者であればまだしも、借りてまでつくるものではないというのが世間の声だ。現実に農民たちは谷津田を見放し、しだいに休耕田が目につくようになってきた。産業廃棄物で埋め立てられるのを、ただただ待っている土地のようでもある。でも、それは谷津田の一面にすぎない。

四〇代も後半になると、田んぼの作業でつらいのは代かきだ。体力の衰えをしみじみ感じさせられる。もうこんな田んぼは嫌だと、思うこともある。しかし、田んぼをやめるどころか、年を追うごとに谷津田の世界にのめりこんでいく自分がある。人びとが谷津田から遠ざかるのに逆行して、わが家は足しげく通う。谷津田ほど、ぼくたちの身近なところにあって自然環境に恵まれているところはないと思う。水も豊かで、緑も豊か。さまざまな生きものたちとの出会い。谷津田は仕事の場所であると同時に、心を洗われる場所でもある。

台地の上部平坦部は畑、谷の部分は水田、台地と谷をつなぐ斜面は雑木林になっていて、谷津田はぐるりと、いろいろな樹木に囲まれている。そして、上流から下流へと、緑の谷が適度に入り込みながら続き、それが谷津田特有の景観を形づくる。

春、コナラなどの新芽が萌え出すことから始まる四季折々の樹木のさまざまな表情の変化は、ぼくたちの目を楽しませてくれる。山桜、ウワミズザクラ、藤、ミズキ、ホオ、エゴノキ、ネムノキと、木々の花々が次々と咲きほころぶ。さらに、実りの秋の紅葉と、冬木立の落ち着いたたたずまい。谷津田の世界を眺めながら、ぼくたちは言葉少なに、お茶の時間を過ごす。

谷津田でよく耳にするのは、ウグイスの鳴き声だ。田んぼをはさんだ対岸同士で鳴き競う声が、なんと耳にここちよいことか。疲れがスーッと肩から抜けていく。白サギや青サギ、鴨の親子など、水辺の鳥たちとの出会いも楽しみのひとつだ。ときには珍しい水鳥たちが訪れることもあって、声を抑えながら見入ってしまう。

谷津田はまた、両棲類や爬虫類の宝庫だ。いろいろな種類のカエルたち、イモリ、クサガメ、マムシ、ヤマカガシなど、かわいいものからゾッとするものまでよりどり見どりだ。ぼくは、あらゆる動物のなかでヘビをもっとも苦手としている。でも、マムシ撲滅派ではない。人間のほうが気をつければいいのだ。マムシがいるぞという緊張感もまた、谷津田の魅力である。

田んぼをつくり始めて一五年ほど経つが、米づくりに関してはまだまだ素人の域を出ない。米づくりが好きだというよりは、谷津田という風景のなかにいるのが好きなのだ。わずかな田畑を耕して自足する。谷津田はそれにぴったりの場所だ。

寄せ刈りの音

谷津田にいることを楽しんでいる、そう見受けられる珍しい人をひとり紹介したい。わが家のとなりの田んぼをつくっている八一歳のおばあさんだ。とてもそんな年齢には思えない身のこなし方で、ぼくがとくに感心するのは、田んぼの寄せ刈り。寄せ刈りとは、田んぼの周囲の斜面の下草を刈ることをいうが、おばあさんの作業は目を見張るほどみごとなのだ。急斜面に身を置いて、長い柄の鎌をふるって、息もつかずに刈り取っていくさまは、鍛え上げた職人技とでも呼ぼうか。ぼくがひそかに師と仰ぐ人なのである。

今年は寄せ刈りをする姿を見かけないので、体調でも崩されたのかなあと気がかりだったが、つい先日、鎌を手にして現れて、「シャキシャキシャキ」と刈り始めた。おばあさんの場所からぼくがいる場所まで七〇メートルぐらい離れているのに、その音がはっきり聞こえてくる。いかにも切れそうな鎌、ほれぼれしてしまう身体の動きは、まさに見物だ。

おばあさんはかごを背負って田んぼにやってくる。かごの中には、お茶やお菓子が入っている。そのかごを道端に置いて、すたすたと田んぼのあぜ道を歩いていく。ときには水を見回ったり、ときにはバケツで小川の水を田んぼに投げ入れたり、ときにはあぜ道の草を刈ったりと、動きに無駄がなく働きまわる。そして、休憩の時間になると、かごの脇によいしょと腰かけ、一人でお茶を飲みながら、谷津田の風景を眺めている。その姿を見て美代さんが、「あんなふうに年がとれたらいいねえ」と言った。

おばあさんの手仕事は実にていねいだ。おばあさんの田んぼの脇を流れる小川の部分だけ、それはそれはきれいに草が刈り詰められ、つい素足で水遊びしたくなる夢のような小川がさらさら流れている。

谷津田はその地形から、日照時間が短い。田んぼの周辺の雑木や真竹などをかまわないでおくとどんどん茂り、さらに日あたりを悪くしてしまう。寄せ刈りはそれを防ぐために行われる。おばあさんの寄せ刈りした箇所は、子どもが散髪に行ってバリカンで刈り上げてもらったように、とても涼しげだ。ぼくもおばあさんを見習って、ときたま寄せ刈りをする。ただし、ぼくの場合は、なるべく木を残すことにしている。木の根っこが土をつかんで、崖崩れを予防してくれるからだ。

数年前、田んぼの北側、コナラの大木が十数本生えている斜面の篠竹などを、きれいに刈り取った。その仕事の結果、ぼくは思わぬものを頂戴するのである。それは、きのこだ。寄せ刈りをした斜面に、真っ赤なタマゴタケ、そして茶色のウラグロニガイグチが、りりしく生えていた。寄せ刈りをすると、おまけにきのこが生えてくる。それはうれしい発見だった。

そのうち寄せ刈りをしようと思っているのは、田んぼの南側の斜面である。北側の樹木の種類はコナラを中心としているが、南側はとても多様だ。つまり、北側とは異なったきのこが見つかる可能性が高い。田んぼの日あたりをよくする。谷津田の景観を保つ。きのこが発生しやすくなる。落ち葉や腐葉土を田んぼの土づくりに役立てる。寄せ刈りの目的が、ここにきて、ぐんと広がってきた。

おだ掛けの風景

谷津田が黄金色に埋まるのは、九月のなかごろだ。今年も昨年に続いて日照りだった。畑で里芋などが日増しにやせこけていく散々な気候は、逆に谷津田には幸いする。いつもならば、膝がかぶるまでぬかるむ田んぼが、ほとんど地下足袋をはいて稲刈りできた。田んぼが乾いたといっても、谷津田の場合は適当な水分が保たれていて稲を枯死させない。谷津田にとって日照りは喜ばしいことなのだ。

今年は田んぼに力を入れた。堆肥を入れ、草取りをまめに行い、追肥を施し、稲が実り始めてからは、排水に心がけた。少し乾きすぎたかなあと思ったときには、一～二度水を入れたりもした。おかげさまで、近年まれなるできで（これまでがお粗末すぎただけだが）、穂が長く実も大粒、にんまりなのである。

稲刈りも晴天に恵まれた。例年ならばぬかるむため、全体の半分は鎌で刈らなければならないのだが、今年はほとんどバインダーで刈れた。バインダーは、一条ずつ刈り取り、結束していく、いまではもう農家の納屋でほこりをかぶって眠っているような旧式の機械だ。手押しの除草機といい、バインダーといい、そしてハーベスターという脱穀機といい、わが家の納屋は博物館のようだ。

そして、古式ゆかしき、おだ掛け。二メートルほどの真竹を三歩ずつの間隔で、三本、二本、三本、二本と田んぼとあぜ道に挿《さ》し、そこに一〇メートルほどの長い真竹を渡し、縄でしばっていくのである。横竹の高さは胸のあたり、強風や大雨を予想して、がっしりと組む。その横竹に、結束した稲を二股に分けて掛けていく。

米づくりも機械化が進んで、このおだ掛けの風景も谷津田特有のものになってきた。いや谷津田でさえ、その風景を見つけるのがしだいにむずかしくなってきた。おだ足に掛けた稲は、カラッとした晴天が四日も続けば脱穀できるが、一度大雨に叩かれてしまうとなかなか乾きにくく、一カ月近くも掛けたままという年もある。この忙しい世の中、おだ掛けの風景が消えていくのも当然といえば当然だ。

案の定、今年も稲を上げる前に超大型の台風が関東地方を襲った。田んぼも心配だが、築後二二年、よねばあさん(小泉よね。七一年、成田空港建設のため国に強制的に家を壊された)が残したプレハブのわが家のほうが心配なのだ。でも、家にいながらも稲が心配、おだが倒されていないか、稲が洪水で流されはしないか、気をもむのである。

風雨の勢いが少しおさまったのを見計らって、さっそく田んぼへ。農道には杉の倒木が行く手をふさぎ、風の力を見せつける。田んぼに下る坂道を降りていくにしたがって、おだが倒されている光景が目に入ってくる。しかし、台風の被害は全体の二割程度だった。谷津田の地形が、風からおだを守ってくれたのだ。その日のうちにおだを組み直し、二人で稲を掛け直す。

また倒されたら、また組み直せばいい。そのうちきっと、晴れるでしょう。

実りの秋にふさわしい穏やかな風景が回復して、おだ足の竹の先に、トンボが一匹とまりました。

（『三里塚情報』第三六八〜三七〇号、一九九五年七〜九月）

百姓百品「万次郎」カボチャ

子どものころ、秋から冬にかけてのおやつといえば、カボチャだった。しまいには、掌《てのひら》が黄色になるほどだった。それでも嫌いにならなかったのは、北海道の気候風土がカボチャに適していて、ホクホクとしたおいしいカボチャが食べられたからだろう。パチパチと薪が燃える季節になると、昼間に煮て一度冷めたカボチャをストーブの上に載せ、アツアツに焼いて食べるのが好きだった。

年に一度、北海道の大滝村《おおたき》で有機農業をしている友人と互いの野菜を送り合っている。こちらからは、おもにサツマイモと里芋を送り、あちらからはカボチャ、ジャガイモ、豆類などが送られてくる。そのたびに感心するのは、北海道のカボチャとジャガイモのうまさ。どう頑張っても、これはかなわない。

それでも、一年を通して野菜を切らすことができない産直農家、カボチャをつくらないわけにはいかない。「えびす」とか「くりあじ」が、いまのところ市場で出回っているおいしいカボチャの代表品種だ。しかし、無農薬・露地栽培では、ウドンコ病にやられる危険性がとても高い。葉に白い斑点ができ出したかと思うと、みるみるうちに全体に広がり、枯れてしまう。ビニールトンネルをして雨にあてないようにし、なおかつ農薬を用いて病気を防ぎ、梅雨時期に収穫する促成栽培が、カボチャづくりの主流だ。

露地で放任栽培ができ、病気にも強く、しかもおいしくてたくさん穫れるカボチャはないものか。われながら虫のいい話だが、そんな夢のようなカボチャをずっと探していた。

「万次郎」のことを知ったのは、ある農業雑誌だ。そこには、こう紹介されていた。

「一株あたり四〇〇個収穫の記録がある」

「味は思いのほかよろしく、糖度は二四度ぐらい」

「ウドンコ病やバイラス病、さらに雑草にも強く、本物の無農薬栽培にうってつけ」

「貯蔵性抜群で、常温で一年間保つことができる」

これは、話半分に聞いてもまさに夢のカボチャだ。しかも、記事に添えてある写真を見ると、ラグビーボール型をしており、てかてかと光沢がよく、いかにもおいしそうだ。

ぼくはさっそく「万次郎」を世に出した高知県の片山育種場に、電話で問い合わせた。電話に出たのは、かなり年配の御老人だ。ぼくはその声を聞いて、自分の人生をカボチャの品種改良にかけてきた人ではないかと勝手に推測した。

種は五粒で送料込み一八七五円と、かなり高価だった。一粒あたり三七五円だ。でも、一株から仮に五〇個のカボチャが穫れるとすれば、さほど高くはつかないだろう。振替用紙で二〇粒、七五〇〇円分を申し込んだ。

二週間ほどして「万次郎」が送られてきた。そこには、「地ボブラ」という雄花用の種も入っていた。「万次郎」は雌花しか咲かないので、雄花用のカボチャを混植する必要があるのだという。同封されていたパンフレットの末尾には、「万次郎」は「四五年間カボチャと生きた片山のささやかなプレゼントです」とあった。

「万次郎」の勢いは、目を見張るものだった。こんなにも気持ちよく、のびのびと育つ作物を見たことがない。最初のうちは、毎朝せっせと花つけに通ったが、そのうち蜂たちがたくさん飛んできて、ぼくの出る幕がない。きびしい日照りもなんのその、次々と花を咲かせ、写真どおり濃緑色のラグビーボール型のカボチャをごろごろと実らせた。

「ワンパック」（「三里塚微生物農法の会・ワンパックグループ」。七六年に誕生し、無農薬のセット野菜を共同経営で生産している）の三軒の農家で分けて育て、一一株から約七〇〇個の「万次郎」を収穫した。一株あたり約六〇個のカボチャが穫れたのだ。ぼくたちの想像をはるかに超えたできだ。

味もまあまあ。西洋カボチャと日本カボチャの掛け合わせで生まれたものなので、ホクホクとはいかないが、ねっとり甘いという感じ。果肉は濃いオレンジ色で、切ると果汁が手にねばついて、いかにも生命力の旺盛さを感じさせる。

寒風の吹きすさむ小屋に放置したまま年を越し、会員の人びとの口に入ったのは二月ごろ。野菜の少ない時期なので、とても重宝したし、室内に置いておいたものは初夏までおいしく食べられた。「カボチャ界の革命児」とは誇大広告ではなかった。

今年(九五年)も二〇株を一〇アールの畑に植えた。周囲の農家は、その粗放栽培ぶりにあきれたことだろう。しかし、いまではみごとに畑を埋め尽くし、さらに道にあふれ出んとし、すきあらばとなりの畑に侵入せんとしている。

(『三里塚情報』第三七一号、一九九五年一〇月)

よねを忘れない

藤崎勘司《ふじさきかんじ》さんが亡くなったということを、風の噂で聞いた。彼は、小泉よねが空港内に残した畑の名義人だ。

その畑は、空港内に入り込む東関東自動車道をぶつりと切断していた。成田市古込《ふるごめ》字込前《こままえ》一六五ノ一。それが、その畑の地番だ。七七年一二月二六日、その畑は千葉地方裁判所が下した決定によって、仮処分された。

ぼくはその日の一週間ほど前から、畑に泊まり込んでいた。いつ抜き打ち的に畑が取られてしまうかもしれない。それが心配だった。畑の隅に、横になって寝られるほどの窪みを掘り、稲ワラを敷きつめた。そして、窪みをすっぽりと覆い尽くせるほどの大きさの亀の甲羅《こうら》状のものを竹の棒で組み合わせ、その外側をワラ葺きにした。眠るときは、窪みのワラの上に蒲団《ふとん》を敷き、亀の甲羅でふたをした。師走《しわす》の地上が霜で真っ白になる夜でも、汗をかくほど暖かい。その簡易小屋をつくる前は、畑に乗り入れた乗用車の中で寝たのだが、底冷えの激しさに眠れたものではなかった。

仮処分の当日、畑に遊びにきた子どもたちは、亀の甲羅をとても気に入ってくれた。昼間は、上がY字形をした棒によって持ち上げられ、冬の陽《ひ》ざしが窪みの蒲団の上にそそがれる。子どもたちは蒲団の中にもぐりこんで、はしゃいでいた。長女が五歳、長男が二歳のときだ。

執行官を先頭に、空港公団の職員や作業員、ガードマンや機動隊員などが畑に現れたのは、夕方ごろ。子どもたちの目の前で、すくすく育っていた空豆やほうれん草が、ブルドーザーによって次々と踏みつぶされていった。何のためらいもなく野菜たちを圧殺した彼らは、おもむろに、簡易小屋の中で肩を寄せて座り込んでいたぼくたちのほうに向かってきた。

ヘルメット姿の作業員が亀の甲羅をはがし、力ずくでぼくらを畑の外に連れ出そうとする。子どもたちは恐怖心でぶるぶる震え、ついには大声で泣き出す。もみ合っているうちに、よねの遺影を入れた額縁のガラスが割れる。火がついたように泣き叫び、しがみつく子どもたち。ぼくたちは自ら、よねの畑をあとにした。

空港公団は当初、その畑に対し、よねの宅地や田んぼといっしょに代執行する手はずで、収用裁決の申請をしていた。ところが、特別措置法による緊急裁決の申請に切り替える段階で、どうしたわけかその畑だけが申請からもれてしまう結果になった。畑が第一期工事区域内に位置しているのに、そうでないと勘違いしたらしいのだ。よねが七三年にこの世を去らないでいたら、空港公団は七八年の開港に間に合うようにその畑を手に入れられなかっただろう。それを可能にしたのは、「死人に口なし」という策略だ。

よねの死から三年後、空港公団が突如、その畑を藤崎さんから買収した。二期工事予定地内の土地とともに、収用裁決の対象地にしていたにもかかわらずである。

収用裁決の申請をしていたということは、その土地には簡単には買収できない事情が存在していたということである。この土地の場合は、小泉よねが耕作者として存在し、土地を手放すことを拒否していたからだ。よねが亡くなったとしても、ぼくたちが継承している以上、何も事情は変わらないはずだ。実際、ぼくがその畑で麦刈りをしているときに公団の用地課の人たちがやってきて、「なんとかなりませんか」と頼み込まれたこともあった。なのに、突然、「権利がないから土地を明け渡せ」ということになるのか。

そこにある企みは見え見えだったが、その企みを打ち砕くことはできなかった。真実を知っているよねはすでに他界していたし、ぼくも含めて残された人間は、よねの権利関係に疎《うと》かったのだ。法的に権利を守るというよりは、いかに代執行に立ち向かうのかに運動の力点がおかれていた結果だった。その畑は、いったい、だれのものだったのか。その畑を、どうしてよねが耕すことになったのか。真実を教えてくれたのは、皮肉にも空港公団にその土地を売った藤崎さんだった。

「あの畑は公団に売りました。あとの措置はすべて公団に任してあります。私は、売る前に現場へ行ってはいません。よねさんが亡くなって、つくっていないと思っていました。養子になった人がいると思っていませんでした。もう畑は荒地になっていると思っていました」

彼はそう話し出した。七六年四月一日のことだ。その日、藤崎さんはまったく無防備に畑の歴史を語ってくれた。「あとの措置は、すべて公団に任してあり」、のちのち自分自身が証人として法廷に立つことになろうとは考えてもいないようだった。「藤崎さんには一切迷惑をかけません」と公団に言われていたのだろう。もう自分には関係のないことのように、ぼくたちの問いに答えてくれた。

「あの畑は、昭和二一年か二二年ごろ、大木実さんとよねさんが開墾したものです。政府の開放地だったのです。大木実さんが亡くなってからは、よねさんが引き継いで耕作していました。昭和三〇年ごろ、成功検査(資格検査)がありました。そのころ、三反歩(三〇アール)以上耕作していない者は入植の資格がないというので、『なんとかしてもらいたい』という相談がありました。そのとき部落の人にも、『あんたが名義を持っていて、よねさんにはつくらしておけばいいだろう』と言われました。よねさんも、『つくっていられればいいんだ』というので、私が名義人になりました」

「人が耕した土地を取って自分の所有にしようとは思いませんでした。こういうことはむかし、古村ではあたりまえのことです。飛行場問題がなければ、そのままになっていたでしょう」

彼はこのように、淡々と自分がその土地の名義人になったいきさつを語ってくれた。その話を聞いていて、ぼくは胸につかえていたものがとれるような思いだった。これまで明らかでなかった土地の権利関係が明白になったのだ。これならば、土地明け渡しの裁判でむやみに土地を取られることもない、と思った。

しかし、その判断は甘かったということを、ほどなくして気づかされることになる。千葉地方裁判所で法廷に立った藤崎さんは、言を翻した。彼の証言を要約すると、以下のようになる。

「大木実、小泉よねには、土地の区画割当のときから買い受けの意志がなかった。あの土地は私が配分を受けた土地だ。その後、大木実が自家用野菜をつくりたいと言い出したので、あの土地を使用させた。開墾したのは大木実と小泉よねだ。開墾してまもなく、大木実が死んだ。小泉よねが女手ひとつで生活に困っていたので気の毒に思い、引き続き使用させた。小泉よねに対し、名義を貸したというようなことはない」

千葉地方裁判所はこの証言を根拠とし、さらに「一刻も早い時期に新空港が開港される必要」があるとして、土地明け渡しの決定を下したのである。

こちら側は、ただただ藤崎さんが偽らざることを信じて、ほかに何も手を尽くさなかったわけではない。開拓当時の事情に詳しい一五人ほどの村人から証言を集め、東大農学部助手であった塩川喜信《よしのぶ》さんに文献や資料の考察をも加えた事実関係の調査を依頼し、報告書を作成していただいたりした。しかし、裁判所は「これらの証言は小泉英政が第三者より聴き取った報告書であって、信用性に乏しい」と、採用しなかった。

これが刑事事件であったなら、冤罪《えんざい》である。無実の罪で命を断たれた人は二度と帰らないが、土地ならばコンクリートをひきはがして、ふたたび命を育むこともできる。

裁判での争いは、すでに一〇年も前に上告が棄却され、結着はつけられている。二度証言台に立った藤崎さんは、自ら暗示にかけるように「かわいそうだから、よねさんに貸してあげただけ」と繰り返した。仲間うちからも、いまさら畑の話を出してもという声も聞く。しかし、この耳が聴いた七六年四月一日の藤崎さんの言葉を、ぼくは忘れるわけにはいかない。

仮処分の日以来、ぼくはよねの畑があったあの場所に、足を踏み入れていない。東関東自動車道を車で走って空港まで乗り入れれば、あの場所のいまを知ることもできるのだが、知って何になろうか。

畑の脇に建っていた空港の施設は、二〇年前と変わらない。その白い建物を目印に、あのあたりに畑があったはずだと思い起こすとき、いままでぼくの人生になかった感情が湧いてくる。ぼくの人生には無縁だと思っていた怨念という感情を、これからもずっともち続けねばならないのだろうか。

ぼくの身近な人たちの間でも、一期工事については認めてもいいという雰囲気が広まっている。人それぞれだから、それはしかたがない。一〇〇人のうち九九人がそう思っても、ぼくは一期工事を認めるわけにはいかない。

（『三里塚情報』第三七二・三七三号、一九九五年一一月・一九九六年一月）

種採りじいさん

今年（九六年）の仕事始めは、野菜の種採りだった。昨年の秋に、何種類かの野菜の種を茎ごとハウスの中にしまっておいたのだ。

ビニールシートを広げ、その上に箱を置き、箱の中に種が落ちるように、カサカサに乾燥したさやを手でもみほぐす。少しほこりをたてながら、黒い種が粉々になったさややや茎などとともに箱の中にたまっていく。

次はそれを篩《ふるい》でふるって、種とごみとに分けていく。大きなごみは篩の中に残るが、小さなごみや細かい土は種といっしょになったままだ。今度は両手で箕《み》を動かし、少し口から息を吹きかけながら、箕の中で種やごみを踊らせ、種だけを残すようにする。箕を用いる作業はそれなりに技術がいるので、なかなか思うようにはいかない。

その日、種採りをしたのは、リーキと呼ばれる西洋ネギ、ハーブの仲間のスイートバジル、そして三尺ささげ、チコリの仲間のエンダイブ、アメリカ先住民のホピ族に伝わるブルーポップコーンと、珍しい野菜ばかりだった。なかでもスイートバジルは、ちょっと茎を動かすだけで特有の芳香が漂い、豊かな気分にさせてくれる。

野菜の種は農協や種苗店から買うものというのが、農家にとってあたりまえになっている。とくに、市場出荷をしている農家にとって、種の選択は農家の側にはない。トウモロコシなら「ピーターコーン」、トマトなら「桃太郎」というように、市場で通用する品種はだいたい決まっている。そして、流通している野菜のほとんどはF1と呼ばれる一代交配種だ。

一代交配種とは、二種類の原種を交配させてつくり出した一代目の種のことである。この種は、両親である二種類の原種のよい面をそれぞれ受け継いでいるといわれる。たとえば、病気に弱いのだがとても味のいいほうれん草と、味はあまりよくないが病気には強いほうれん草とを交配させると、病気に強く、味のいいほうれん草が誕生するという具合に。

だが、一代交配種は一代限りなのだ。したがって、農民は毎年種を買わざるを得ない。種子企業が成り立つわけである。経済効率の考えからいえば、自分で種を採る手間がいらなくなるのだから、その分、野菜栽培にうちこみ、種代以上に稼げばいいということになる。そして、だんだん農家が種に触れなくてすむ時代になってきた。種苗会社が工場で苗を生産し、農家に売り出したのだ。採算が合うと考える人たちは、新しい方式を取り入れ、規模拡大をはかっていくだろう。

有機農業の世界も、そういう世の中の動きと密接にからまっている。種はもちろんのこと、堆肥や有機質肥料のすべてを購入し、農業機械と石油製品を活用し、規模拡大に励む人たちが企業の苗を購入したとして、何の不思議もない。それも有機農業なのだ。

企業的な農業をめざすのか、それとも自給自足的な農業をめざすのか、その中間に立ちとどまっているのか。それぞれの農民によって、いろいろな選択があると思う。それは、各自が二〇年後や三〇年後の世界のありようをどのように想定しているのかによって、変わってくるかもしれない。

ぼくはこのごろ、意識的に自給自足的な農業の方向に足を向け出した。支出が多いけれど収入も多いという採算のとり方もあるが、収入が少ないけれど支出も少ないという採算のとり方もある。

一つ一つの野菜たちと、発芽をしてから種を実らすまでの一生をつきあう。野菜の成長に喜び、花を愛《め》で、感謝して食し、その子孫をまた地面に落とす。日本の農業のためだとか、食糧の自給のためだとかで農業に向かうのではなく、種を採るなら採る行為、落ち葉をはいて堆肥をつくるならその行為そのものに、喜びを感じることを第一とする。そういう「楽しき農夫」が増えないかぎり、日本の農業の再生も、食糧の自給も、ないと思う。

ぼくにとって九六年は、自家採種元年だ。種屋さんの店頭に置いてある薄いパンフレットには、一代交配種しか宣伝されていない。でも、種屋さんの事務所などに置いてある少し分厚い総合カタログでは、各種苗会社とも原種を取り扱っている。各地方の特色ある原種を目玉商品にしている中小の種苗会社もある。トウモロコシがピーターコーンでなければならないとか、メロンがプリンスメロンでなければならないとかにこだわらなければ、原種で充分なのではないか。

むかし種採りは、農家のお年寄りの仕事だった。ポカポカとしたお日さまの下で無心に種を採っていると、これは本当にじいさんになってきたわいと、種に向かってひとり照れ笑いをする。

（『三里塚情報』第三七四号、一九九六年一月）

ハーブに挑戦

ハーブとは「薬草・香味料とする草の総称」(『広辞苑』第五版)だそうである。『食材図典』(小学館)には、「元来、単に『草』を意味する言葉」と書かれている。ぼくはその言葉の響きからして、外来の上品なものという印象をもっていた。

ワンパックの仲間では、石井紀子さんがハーブ愛好家だ。紀子さんのハーブ畑には、いつも雑然と色とりどりの花が咲いている。ハーブを育てることは花を育てることなのだと勝手に思い込みもし、「花より団子」派のぼくとしてはあまり関心をもてないでいた。ところが、『たのしいハーブ作り』(主婦の友社、一九九五年、絶版)を手にとってペラペラめくっていくうちに、そんなぼくのいい加減なハーブの認識はガラリと崩壊してしまう。

山椒《さんしょう》、セリ、ドクダミ、フキ、三つ葉、ヨモギなど日本の山野に自生しているものや、シソ、春菊、大根、トウガラシ、ネギ、みょうが、らっきょう、ワサビなど日本人の食生活に欠かせない野菜たちも、ハーブの仲間だという。

また、笑ってしまったのは、夏の雑草のスベリヒユ(このあたりでは「ごんべい」と呼んでいる)が、パースレインというハイカラな名前で登場しているではないか。利用法は、「生でサラダ。若い葉を食べると、多少のぬめりけとピリッとした風味がある。茎はピクルス。利尿薬になる」と紹介されていた。まさにハーブとは草なのである。

それに、コンフリーやニンニク、パセリなどハーブという認識なしに育てていたものや、最近手がけ始めた西洋野菜のアーティチョークやフローレンス・フェンネルもハーブだと知って、急にハーブが身近なものになってきた。

さらにうれしいことには、「花より団子」ならぬ、「花も団子」になるという。つまり、食用になる花がハーブのなかにはたくさんあるのだ。

花を食べる野菜はこれまで、菜の花とか中国野菜の紅菜苔《こうさいたい》とか食用菊ぐらいだった。昨年(九五年)、ズッキーニの花がおいしく食べられるのを知って、幸せな気分だったが、「花も団子」の世界がぐーんと広がりを見せてきた。まだ種も入手できないでいるのに、もうすっかり六月になったら食べられるぞと意気込んでいるのが、ナスタチウムというハーブの花。赤や黄やピンクの色があって、生で食べるとピリッと辛くておいしいそうだ。初夏のサラダの色どりに最高ではないですか。

いまから思い返せば、ぼくの初めてのハーブ体験は、八三年にタイの農民会議に出席したときだった。タイ中部の漁村で一週間、合宿しながらアジア各国の農業問題などを語り合う集まりがあったのだ。食事担当のスタッフが、毎日三食おいしいタイ料理をつくってくれた。そのときカレーやスープや炒めものに必ず入っている三つ葉のような葉っぱがあり、カメ虫のような強烈な香りを放っていた。

初めは異臭にとまどったが、一日、二日と日が経っていくうちに、その香りなしではもの足りなく感じてくるから不思議だ。その葉は、タイ語で「パクチー」と呼ばれていた。ぼくは一週間のうちにすっかり、パサパサとしたタイ米と、パクチー入りの味わい深いタイ料理のとりこになってしまう。

パクチーは英名で「コリアンダー」といい、完熟した種実は快い香りがするのでカレーのスパイスには欠かせないことを、しばらくしてから知った。日本では栽培できないと思い込んでいたのだが、ハーブがブームになっているせいか、種屋さんの店頭にもお目見えするようになった。「カメ虫のような香り」が「おいしさ」に結びつくとは、なかなか言葉では言い表せないでいたが、今年の夏はぜひあの味を再現してみようと思っている。

もう一〇年も前のことになるが、タイのカラワン楽団のスラチャイとモンコンが、わが家でタイ料理を披露してくれたことがあった。スラチャイがサンマのスープ、モンコンが豚肉とイカを切り刻んでニガウリの中に詰め込み、それを煮込んだものをつくってくれた。二人が畑を歩いて、たぶんあれでもない、これでもないとタイ語で話しながら、鼻で匂いをかぎ、探し回っていたのが、適当な香味料となる野菜だった。生姜、ニンニク、パセリ、セロリ、トマト。「まあ、これくらいあればいいか」というような顔をして、鼻唄を歌いながら台所に向かっていた二人を想い出す。
　ぼくたちがナスを炒めるときに、シソの葉をつまんできて仕上げにサッと入れるように、ハーブとは身近なものなのだ。種を自家採種できるのも喜ばしい。野菜の種類を増やすような感じで、新しいハーブを採り入れていこうと思う。今年は忙しくなりそうだ。

（『三里塚情報』第三七六号、一九九六年二月）

染谷かつさんのこと

開拓五〇周年にあたる九六年の一月、染谷《そめや》かつさんが亡くなった。明治三二年(一八九九年)生まれで、九六歳だった。

以前かつさんは、「小泉よねのとなりに埋まるんだ」と言っていた。しかし、それは、染谷家の暮らしがこの東峰《とうほう》の地で成り立っていることを前提としたうえでの願いだ。七八歳のとき、息子さん夫婦が土地を空港公団に売却し、移転した。同時に、染谷家のお墓も三里塚のまちはずれに移る。寒い北風の吹く日、かつさんの遺骨は大勢の人びとに見送られて、その墓地に納められた。

かつさんは息子さんたちが移転したあとの一〇年間、ひとりで東峰の地にとどまる。「自分のことを自分でできるうちは、ここにいるんだ」と言って。

かつさんは、早朝から日が暮れるまで、じっとしていることがなかった。ワンパックの出荷仕事を何年間も手伝ってもらったが、朝、出荷場に来たときには、いつも地下タビが濡れている。ぼくたちと顔を合わせる前に、自分の畑でひと仕事すませてきたのだ。ぼくたちが時間に遅れると、ひとりで出荷場のまわりの雑草をむしっていた。

仕事ぶりは手早い。ほうれん草の収穫でも、ナスの収穫でも、若いぼくたちはかなわない。かつさんは百姓を始める前は床屋さんをやっていた。ちょうどハサミをチョキチョキと動かすようなスピード感が、その仕事にはあった。仕事を楽しむというより、仕事をやっつけるという感じ。機械は使わないし、除草剤も使わない。

なにせ次から次へと草が生えてくる。その草との闘いが、人生であるかのようだった。だから、お日さまが照っている日中はかつさんの天下だ。次は里芋の草を取って、その次は生姜の草を取ってと、仕事はめじろ押しだった。しかし、苦手なものが二つあった。

ひとつは雷。激しい雷鳴がとどろくと、かつさんは青ざめる。家にいるときは頭から蒲団をかぶってじっと耐えた。むかし、知合いの家に雷が落ち、人と家が燃えるさまを目撃した体験があったからだ。

もうひとつは夜の闇。かつさんは一晩中、蛍光灯をつけたままでないと眠れなかった。目覚めたときに真暗闇だと、夢遊病者のように戸外を歩き回ってしまうらしいのだ。気がつくと、寝間着がびっしょりと朝露に濡れていたことがあったらしい。一〇年間のひとり暮らしの後半、体が不調をきたし、以前にも増して夜が寂しくなってきたと、周囲にもらすようになった。そこで、かつさんに頼まれて、近所の団結小屋の若者たちが交替で泊まり込んだ。その若者たちが都合のつかない日は、ぼくも何度か、かつさんの家で眠ったことがある。

かつさんにはつらい過去があった。一一人の子どもを産んだのだが、そのうち六人を病気で亡くしている。日中は草取りとの闘いで忘れ去っていることが、夜になると想い出されるのだろうか。他人には計り知れない深い闇がかつさんの心のなかにあることだけは、ぼくにも想像できた。

葬儀では、久しぶりに東峰部落から移転した人びとと顔を合わせた。神多野《かみたの》さんのおばさん、福島さんのおじさんと息子さん、関根さんのおばさん、林さんのおばさん、そして染谷さんのおじさんとおばさん。

「染谷のばあさんが、こうして皆を会わせてくれた」と、梅沢さんのおじさんが感慨深げに話す。

部落を去った人も残っている人も、その間に何かの違いがあるわけではない。残っている人は残る努力をして残っているのだが、残り得る人が残っているのだとも言える。それはある意味では、とても幸せなことだ。努力をしても残り得ない人びともいる。移転したとしても、楽な生活が待っているわけでもない。

開拓五〇周年にあたる年に、天寿を全《まっと》うして亡くなった染谷のばあさんの葬儀で、むかしの部落の仲間がなつかしく再会する。まだまだ長生きしてほしかったけれど、何か心暖まるときを過ごすことができた。

かつさんに最後に会ったのは、五～六年ほど前だ。ちょうど九〇歳になったころで、生き仏に出会えたような、ありがたい感じを受けた。

「亡くなる五年ほど前からは、電気を消しても、安心して眠るようになったんだ」

葬儀場のロビーで、孫にあたる幸雄《ゆきお》さんがそう話してくれた。

その言葉を聞いて、ぼくは胸につかえていたものがスーッととれていくのを感じていた。

（『三里塚情報』第三七七号、一九九六年三月）

花曇り

桜の花が咲くころは、空模様が変わりやすくて、妙に心が落ち着かない。ときどき空を見上げて、「ああ、大丈夫かなあ」と思う。暑すぎてもいけないし、寒すぎても気がかりだ。扉を開けてくれればよかったとか、窓は閉めてくれればよかったとか、カーテンをしてくればよかったとか、いろいろ思っても、家から遠く離れた畑ではすぐに帰ることはできない。別に美代さんが高熱を出して家で寝ているわけではない。ビニールトンネルの中の野菜やハーブの苗が心配なのだ。

「今日は一日、曇り空でしょう」と、朝のラジオから天気予報が流れてくる。なるほど空を見渡すと、どんよりとしていて外気も冷たい。ビニールハウスの中の気温も一五度ほど。少し不安は残るがまあ大丈夫だろうと、扉などを閉めたまま畑に向かう。一番離れた畑は車で二〇分ほどかかる。

ところが、農作業をしているうちに雲が薄くなってきて、ときおり切れ目から薄陽が顔をのぞかせる。そのうち、ピカーッとお日さまが登場する。

「えー、話が違うぜ」

時計を見ると午前一一時。お昼までにもう一時間仕事ができる。家に飛んで帰るか、仕事を続行するか、迷いに迷う。そんなときに限って、家に帰ろうとすると途中で曇ってきたりするし、そのまま畑にいるとますます暑くなってきたりして、裏目裏目に事態は展開する。

ビニールハウスの中の苗床は、さらにビニールトンネルに覆われている。発芽するまでは、一定の湿度と二五〜三〇度の温度が必要だ。いかにその状態を保ち、一斉に発芽させるかに、種を播いた人は心を砕く。

恐ろしいのは、低い温度より高い温度だ。曇り空か晴天かによって、二重のビニールに覆われた密室の温度は二〇度も三〇度も違ってくる。ちょうどいい湯につかっていると思っていたら、しだいに湯の温度が上がってきて、しかも大男に頭を押さえつけられて、その湯舟から逃れられなくなった状況を想像してみよう。

地温が四〇度を超えると、種は高温障害にあい、発芽しなくなる。そんなときハウス内の気温は五〇度をとうに超えていて、せっかく発芽した苗まで枯れてしまう。ちょっとした油断が命取りになってしまうのだ。

花曇りの季節の天気予報は信用するなと、心に言い聞かせている。よっぽどの雨の日でないかぎり、日中のビニールハウスは換気したままにしておく。そして、苗床はビニールで密閉したままの状態で、さらにその上を黒い遮光ネットで覆う。つまり、日陰状態の密室にしておくことによって、温度の急激な上昇を防ぐのだ。もちろん、発芽したら順次、その苗床から出してあげる。三月、四月、五月と一日に最低三回、多い日は六回も七回も、ぼくはビニールハウスに通う。

ビニールハウスの広さは二四坪、畳四八枚分の広さだ。その中には、野菜やハーブがところ狭しと並んでいる。すでに発芽し、すくすくと育っているもの、なかなかうまく発芽しないで少しいじけているもの、いままさに発芽しようとしているもの、実にさまざまな状態で、しかも実に多様な要求をする。水をほしがっているもの、移植を希望するもの、肥料を、光を、風をと、声なき声をあげている。

「(人間は、若いうちは、)花壇を耕すかわりに女の子の尻を追い、野心を満足させ、他人のつくった人生の果実を食べ、要するに、その生活態度はだいたいにおいて破壊的だ。素人園芸家になるためには、ある程度、人間が成熟していないとだめだ。言いかえると、ある程度、おやじらしい年配にならないとだめだ」

「ほんとうの園芸は牧歌的な、世捨て人のやることだ、などと想像する者がいたら、とんでもないまちがいだ。やむにやまれぬ一つの情熱だ。凝り性の人間がなにかやりだすと、みんなこんなふうになるのだ」

チェコの作家、カレル・チャペックの『園芸家一二カ月』（小松太郎訳、中公文庫、一九九〇年）を花曇りの夜に、ときどき手にとってクスクス笑いながら読んでいる。実は、知人がぼくに「よかったら差し上げますけれど」とすすめてくれたのを、失礼にも「園芸にはあまり興味がないので」と断ってしまった本なのだ。園芸という言葉から想いうかべるのは、たとえばバラを育てるとかいうことで、ぼくにはちょっと縁遠いように思われたからだった。要するに、園芸という言葉に偏見をもっていたのだ。

何年か経って、この同じ本を「とってもおもしろいわよ」とぼくにすすめてくれたのは、美代さんだった。あとから思えば、この本とはめぐり会うべくしてめぐり会ったと言えるかもしれない。

美代さんは、この本を買ったわけではない。「とってもステキな青年」からいただいたのだ。その人はぼくにこの本をすすめてくれた知人の息子さんで、親子そろって同じ本を気に入り、それぞれぼくたちにすすめてくれたのだった。

ぼくが失礼にも断ってしまったにもかかわらず、その本がこうしてここにある。めぐり会いとは不思議なものだ。そして、この本をぼくはとても気に入っている。ページをめくるたびに、愛すべき滑稽な自分自身が登場するからだ。たとえば、こんなふうに。

「四月は、発芽の月であるばかりでなく、移植の月だ。諸君は有頂天になって、いな、夜も眠れないほどの感激と、じりじりするほどの待ち遠しさで、それがなければもう一日も生きていかれないほど、ほしくてたまらない挿木苗を農園の主人に注文する」

「そうこうしているうちに、さっそく植えなければならない挿木苗が一七〇本、いっぺんにどかっと到着する。そのときになって諸君は、庭のなかをぐるぐる見まわし、植えようにも植えまいにも、ぜんぜん場所がのこっていないことを発見する。／だから、四月の園芸家とは、干からびかかった挿木苗を手にもち、自分の庭を二〇ぺんぐらいぐるぐる歩いて、どこか一箇所ぐらい何にも植わっていない場所はないかとさがしまわる男のことだ」

そうなんです、ぼくも。ビニールハウスだけで、今日数えあげてみたら野菜約五〇種類、ハーブ約三〇種類が、ひしめきあって並んでいる。みんな種を播いて育てたものだ。今年(九六年)はとくに一念発起、自家採種に燃え、さらにハーブに熱を上げ出したので、ビニールハウスの中は大にぎわいなのだ。

冬の間こたつに入りながらいくつかの種苗店やハーブ園のカタログを何度となく広げ、めぼしい種を注文しておいて集めたものだ。わくわくしながら育苗箱に種を播き、名札をつけ、来る日も来る日も芽が出てくるのを心待ちにしていたにもかかわらず、ついにぼくの目の前に姿を現さなかったものも何点かある。

悔しいかなハイビスカス、悔しいかなサラダピーマン。原因は、花曇りの急激な温度変化、育苗培土が重たかったこと、つまりはぼくの腕の未熟さによる。

でも、失敗したものがあったくらいで結果的にはちょうどいい。負け惜しみだが、すべてがそろって発芽したら大変だった。種は、横三〇センチ、縦四五センチの育苗箱に播く。そこに発芽した一〇〇本の苗が、移植する段階になるとそれぞれ九センチのビニールポットに収まるので、その苗の占める面積は六〇倍にもなる。一棟のビニールハウスでは、八〇種類の野菜たちが、とても収まりきれるものではない。

なおかつこの先、この苗たちを畑に定植する段階になると、これはもうジグソーパズルなのだ。自家採種するのだから、交雑を防ぐため同じ種類を近づけて植えてはいけない。連作を避けたり、後作《あとさく》を考えたりと、たびたび畑で立ち止まって考え込むことだろう。

畑に直接、種を播くものもたくさんあって、今年のすべての作付予定品目を数えてみたら、われながらちょっと動揺している。なんと、野菜約一四〇種類、ハーブ約四〇種類（ある日突然、増える可能性おおいにあり）、合計一八〇種類の皆さまとおつきあいすることになっている。それぞれ種採りをめざすので、百花繚乱、いや二百花繚乱までもうひと声。わが畑には色とりどりの花が次から次と咲き乱れて、こんなにもてていいのかなあという感じなのである。

このごろは、春眠暁を覚えずどころか、春眠暁とともに目覚めてしまって、紅茶を二杯ほど飲んでから、いそいそとビニールハウスに向かう。夜中どころか明け方近くまで、編集だ会議だなどといって、陽が高くなってから目覚めていたことが、遠いむかしのことのようだ。

朝の日課は水やりから。ハーブなど、種類によっては乾燥を好むものもあって、一律にホースで水をかければいいというわけでもない。最初はそんなことを知らないで勢いよく水をかけていたら、葉が黒ずんできて枯らしてしまったものもある。たった二本しか発芽しなかったワイルドストロベリーの小さな苗を、過湿が原因で失ってしまったのは、大きな痛手だった。

水やりをひとまわり終えると、ビニールハウスの換気、そして時間があれば新しい種をパラパラと播く。さらに時間の許すかぎり、ちょこまかちょこまか移植する。

朝陽がいつのまにか眩しくなって、美代さんに言われていた言葉が気になり出す。

「途中で、朝ご飯を食べに帰ってきてね。いつまでも台所が片づかないから」

もう少し四つん這《ば》いになっていたいけど、そういうわけでこのあたりで失敬する。

（『三里塚情報』第三七八・三七九号、一九九六年四・五月）

ちょっと怖い話

「八十八夜の別れ霜」ということわざがある。立春から八八日過ぎると、もう霜が降りなくなるという。今年(九六年)の場合は、五月一日だった。しかしながら、一〇年に一度くらいは、五月一〇日過ぎでも遅霜にあうことがある。被害にあうのは、田植えしたばかりの稲の苗、露地もののナスやピーマン、インゲンや枝豆、ポリマルチ栽培のジャガイモ、トンネル栽培のトウモロコシなどなど。

わが家では、それらのものは五月一〇日を過ぎないと畑に現れないように作付けしてある。一〇年に一度のことでも、二〇年に一度のことでも、霜にやられてしまうのは嫌なのだ。強い霜に降られると、一晩でそれまでの努力が水泡に帰す。そんなにあわててナスやピーマンを食べなくてもいいし、トウモロコシや枝豆だって、人より先にほおばらなくていい。

だが、市場出荷をしている人にとっては、だれよりも早い出荷が収入を上げる道だから、一〇年に一度あるかないかの霜のことなど気にしていられない。たとえ一〇年に一度失敗しても、あとの九年が当たればいいのだ。

今年は五月一〇日を過ぎても、寒い日が続いた。夕方になると急に冷え込んできて、明日は霜かななどと心配する日も何日かあった。それでも幸いにして、遅霜のさんざんな光景を目にすることはなく、作物は青々と成長している。よかった。遅霜がなくて本当によかった。「それ見たことか」と意地悪を言わなくてすんで、本当によかった？

となりの畑の若者は働き者で、いい作物をつくることにとても熱心だ。ある日、トウモロコシの消毒をしていた。トウモロコシは穂先まできれいに実がそろっていないと、市場出荷に向かない。だから、念入りに一本一本消毒して歩く。虫が一匹いると、一〇〇匹いるということだ。収穫の日まであと一〇日もない。それまで害虫は徹底的に防除しなければならない。

農薬をかける作業は二人がかりだ。農薬の入ったタンクからは細長いホースが伸びていて、その先に農薬を散布するノズル（筒状の口）がある。若者が農薬を散布して歩く距離に合わせて、母親がホースを引き出したりたぐり寄せたりしている。トウモロコシ畑の隅々まで消毒をすませ終えて、二人は顔を見合わせた。「やったね」という感じで。

さて、家に帰るのかなと見ていたところ、若者はまた農薬をふり始めたのだ。よく見るとタンクの底に農薬が少し残っていて、空にするまでふり続ける様子だ。一列行って帰ってきても、まだ残っている。若者はもう歩かないで、道路ぎわにある一本のトウモロコシに、「これでもか、これでもか」という具合で集中的に農薬をふり始めた。少し口元が笑っているようだ。ぼくが「やめろ」と止めるわけにもいかない。あの、きれいで甘いトウモロコシは、だれの口に入ったのだろうか。

だいぶ前のことだが、農業用のプラスチックコンテナが三つ並べて運べる便利な一輪車を買った。それまでの一輪車だと、せいぜいコンテナが二つ載る程度だった。新品は、中味が軽いものであればコンテナ六個でも一度に運ぶことができる。

さっそく畑に持っていって、雑草のハコベを運び出すのに使ってみた。なかなか安定もよくて、いい具合なのだ。一日仕事をして、トラックはハコベを入れたコンテナで満載、一輪車を載せる場所がない。また明日も使うことだしと思って、畑の中に一輪車を置き去りにして帰った。

翌日、畑に到着して、わが目を疑った。どこにも一輪車がないのだ。たしかに作物と作物の間に隠すようにして置いていったのに、消えてしまっている。泥棒にあったとして、だれが盗んだのか。しかも、一晩のうちに。前の日、ぼくが一輪車を使っていたことを目にした人は少ない。まして、畑に一輪車を置き去りにしたことなど、知る人はいないと思っていた。その畑の周囲には四軒の家が点在している。よその部落とはいえ、それなりに顔見知りの関係である。どの人も疑うわけにはいかないし、何の証拠もない。

一輪車がなくなったことはその部落のだれにも言わなかったので、周囲の人びととの関係は変わらなく続いている。変わったのは、新しい一輪車をもう一台購入したことだ。そして、それ以来、一輪車に限らず、物を置き去りにしないようにしている。

そういえば今日、畑の片付けをして、最後に一輪車を無理やりトラックの荷台に載せた代わりに、どうしても積みきれなくなったコンテナを九個、その畑に置き去りにしてしまった。

（『三里塚情報』第三八〇号、一九九六年六月）

自然農法ふたたび

畑を耕さない。堆肥や鶏糞などの肥料も入れない。なるべく地面を覆う。たとえば、稲ワラとか、雑草とか、作物の残渣《ざんさ》(トウモロコシの茎やキャベツの外葉や茎)とかで。つまりは、森林の地面の状態に畑を近づけることによって、作物を育てられないか。

一〇年ほど前に、ぼくはそのことに夢中になった。いまは亡き前田俊彦翁が、その畑を見て、目をまん丸にしながら言った。

「肥料を何も入れないで物を穫ろうとするなんて、それは搾取じゃよ」

はたして、その方法は搾取だったのか。畑に棲むみみずの数を例に出すと、一年目はほとんど姿を見なかったのに、二年目になると被覆物の下のところどころに姿を現すようになる。三年目の春にはみみずの小さな赤ちゃんたちがまさに地から湧き出て、夏には立派な若者になり、活きのいいウナギのように飛びはねてみせた。

みみずはボロボロになった枯れ葉や雑草などの有機物を、土とともに食べて生きている。それらはみみずの体内を通過し、植物が育つうえでとても良質な物質となって地上に蓄積されていく。四年目ともなると、みみずが排出したちょうど小豆《あずき》ほどの大きさの団粒構造の土が、手ですくえるほどの厚みをもって地面を覆うようになった。大判小判がざっくざっくという感じ。

みみずたちはぼくに、土が生きているとはこういうことをいうのだよと教えてくれた。土がこのような状態になると、野菜はみごとに育つ。森林が自ら循環を繰り返すことで、青々と茂っているように。

しかし、いいことばかりではない。耕さないと、耕さない場所を好むハルジオンやセイタカアワダチソウなどの雑草がはびこり、ハコベやスベリヒユなどの雑草とともに、その退治に多くの時間をとられた。雑草は被覆物になって、みみずの棲み処、そして食料となるのだけれど、放任しておいたのでは、作物が草に負けてしまう。

また、みみずが増えてくると、それを餌にするモグラたちがやってくる。彼らの食欲はものすごい。天文学的な数のみみずたちを、あっという間に食べ尽くしてしまう。このモグラ対策も頭を悩ませる。モグラの天敵は何なのだろう。

それから、秋口のコオロギの発生が、作物によっては被害を与える。コオロギは被覆物の下を棲み処にして繁殖するようで、そのそばに定植した白菜の苗などを遠慮なしに食べてしまう。

そのような難問があったのだけれど、自然農法はとても魅力的な世界を見せてくれた。それを中断したのは、膝を痛めてしまったからだ。膝を痛めては、とても草取りなどできなかった。

今年(九六年)は、ぼくに遊び畑ができた。二軒の農家から手がまわらないので畑をつくってくれないかと相談を受け、しばし考えてつくることにしたのだ。一軒は多古《たこ》町の佐藤国友《くにとも》さん。田んぼと養鶏が中心で、とても畑にまで手がまわらないという。もう一軒は芝《しば》山《やま》町横堀《よこぼり》の熱田《あつた》一《はじめ》さん。老人だけの所帯で、畑を耕すのが無理になってきたそうだ。

ぼくも暇があるわけではなかったが、それぞれつきあいのある人で、その畑が荒れるのは寂しい。作物をつくることをあまり考えないで、当面は緑肥用の牧草でも播いて、それをトラクターで耕して土づくりでもしてから、本格的な作付けは考えよう。そう思って、二〇アールと四〇アール、合計六〇アールの畑を借りた。

二〇アールの畑のほうには、三メートルほどの高さに成長するソルゴーという牧草と粟《あわ》や黍《きび》の雑穀、ブルーポップコーンとデントコーン(飼料用トウモロコシ)などを試作した。ところが、夏が過ぎて、いざ牧草をトラクターで鋤き込む段階になって、考え方が変わる。空に向かって伸び上がるソルゴーを見ているうちに、もう一度あの魔術のような世界に帰りたい気持ちが胸のなかを占めていく。

その数日後、ぼくは鎌を持ってソルゴーを刈り始めた。二列を刈って、一列分の畝間に敷きつめていく。つまり、一列おきにソルゴーの敷物ができていくのだ。それは、やがてみみずの棲み処、そして食料になっていく。一列おきの何もないところには、一〇月中旬に小麦を播く。そのワラも、来春には地面に敷きつめられる。

何もつくらないで、ただ草が出るたびにトラクターで耕すだけだった横堀の四〇アールの畑も、秋にはライ麦を播きたいと思う。それも地面に敷きつめられる。

これらの借地が、一〇〇年先も農地であり続ける保証は何もないけれど、永続可能な農業の未来をふたたび手探りしてみたいと思っている。

（『三里塚情報』第三八三号、一九九六年九月）

五穀にかこまれて

ある日、美代さんに言われた。

「どうしてそんなに食べるものにこだわるのか、わからない」

それは、「人生の大半を、どうしてそんなに食べるものを栽培することに費やそうとするのか理解できない。もっとやることがたくさんあるのに」という意味だ。

百姓だからあたりまえだと思ってやっているぼくの行為は、どうもそばで見ていると尋常ではないらしい。あれもこれもと、畑に種を播く。そんなにすべてのものに手がかけられないので放任栽培、草に負けることもある。「自分でどのくらい仕事ができるのか計算できないんじゃないの」と言われる所以《ゆえん》である。

美代さんは、ウリ類はあまり好きではない。なければないで、いいらしい。それなのに、次から次へと、「このマクワウリの味はどうだ」とか「このスイカの味はどうだ」とか味見を押し付けられる。自家採種できて、なおかつおいしく食べられる品種を探してのことなのだが、相手にとっては迷惑らしい。

さらに、いろいろな種を採る。種を乾燥させるには笊《ざる》が便利だ。一つの品種が一つの笊を一週間も二週間も占拠する。「もう、台所に笊が一つもないじゃないの」と叱られる。それらのものが野菜であれば、まだワンパックに関係があって、将来何かの役に立つかもとしぶしぶ納得せざるを得ないとしても、今年(九六年)は畑を増やし、雑穀類にまで手を出し始めた。「もうあなたを理解できない」となったのではないかと推測する。

雑穀とは、粟とか黍とか稗《ひえ》とかの、イネ科で種子の細かい穀物を指す。以前、モチ種の粟をつくったことがあった。ビールびんに入れ、棒で突いて精白し、粟餅にして食べた。独特の風味とねばりがあって、ぼくにはおいしかったが、家族には不評だった。粟はタヌキのしっぽのような穂がついて、豊穣という言葉がお似合いの穀物だ。ただし、なにせ粒が細かく、外皮が硬いので、精白に手間取る。そのうち、種を切らしてしまった。

今回、粟や黍をつくったきっかけは、群馬の友人が種を送ってくれたからだ。そして、ちょうどいい具合に、ぼくに遊び畑ができていた。幸いにして、その畑は家から遠かったから、美代さんに気をもませなくてすんだ。美代さんは、ボランティアに出かけたり、娘と演劇を見たりと、雑穀どころではない。

遊び畑では、なんとか草と共存しながら粟、黍、ソルガム(モロコシ、タカキビ)が育っていく。粟と黍は背丈がぼくの胸ぐらい、ソルガムは手を伸ばしてもとても届かないぐらい高く伸びた。そして、穂が出始めた。黍は稲に似ている。粟も黍も実り出すと頭を垂れた。一方、ソルガムの穂は天に向かって直立した状態だ。スズメやハトなどに実を食べられないか心配していたのだが、とくに被害もなく、台風の風によって倒されてしまったのが唯一の事件。ほとんど手をかけなかったのに、よくぞ育ってくれた。

収穫は穂刈りで、実が一番こぼれ落ちやすい黍から、気をつけて刈り取った。粟も黍も、稲と比べると穂がとても軽い。それでも、栽培書を読むと収量は一〇アールあたり約三五〇キロというから驚きだ。その日の仕事の最後に、それぞれ姿のいい穂を五〜六本ずつ茎から刈り取った。ワンパックの収穫祭の色どりにと思っている。

収穫まぎわになってあれこれ調べてみると、雑穀はなかなか魅力的なものであることがわかった。成育期間が短い（一〇〇日間ぐらい）、やせ地でもよく育つ、冷夏や干ばつに強い、長期保存しても虫の害を受けにくい、栄養価が高いなどなど、古くから救荒食《きゅうこうしょく》として人の命を救ってきた作物だという。

五穀とは、諸説があってはっきりと決められていないらしいが、日本ではふつう米、麦、粟、黍、豆を指すそうだ。むかしはこれらのものが生活と密着した穀物だったのだが、現在では粟と黍はすっかり姿を消した。

五穀はなくても、そばにコンビニがあればいい。そんな二〇世紀の終わりが近づいたこの秋に、時流に逆らうように、わが家には五穀がそろった。課題は、それらをどうおいしく食べるかということ。最近は雑穀の料理本をあさっている。

この飽食の時代に、粟や黍などと思われるかもしれない。でも、この飽食のときはそんなに長くは続かない。そんな危機感が、ぼくと雑穀を結びつけている。

(『三里塚情報』第三八四号、一九九六年一〇月)

ひとつの循環の構想

ある会員の人から、めでたい便りが届いた。

「双子の女の子が生まれました。母乳と離乳食に、安全でおいしい野菜を使おうと思います。これからも、どうぞよろしく」

はたして、ぼくたちの野菜と卵は「安全」なものだろうか。ぼくはこのごろ、胸を張ってそうは言えないでいる。

野菜について言えば、堆肥の材料に問題を感じる。堆肥は肥育牛の糞とオガくずを発酵させてつくっている。肉牛の飼育の実際を具体的に知っているわけではないが、よく薬づけだといわれる。抗生物質、ホルモン剤、ビタミン剤などが配合飼料に添加されている。それらの一部が牛の体内に残留したり、糞尿として排出される。その糞尿を堆肥化し、畑に施した場合、そこに育つ野菜に何らかの影響を与えることはないのだろうかとの危惧は、ずっと以前から抱き続けてきたものだった。

酸性雨やダイオキシンが大地の上に降りそそいでいるなかで、何をそんなに細かいことをと多くの人びとは言う。たしかに、そうかもしれない。しかし、自らの行いで少しでも気になる物質を畑から排除できたら、それにこしたことはないのではないのか。

次に考えるのは卵のことだ。ワンパックの鶏は、ポストハーベストフリー(収穫後に農薬を使っていない)の輸入トウモロコシを主たる飼料にしている。一羽の鶏が一日に食べるトウモロコシの量は約一〇〇グラム、八〇〇羽の鶏が一年間で消費する総量は約三〇トンに達する。三〇トンの穀物を自給できれば、化学肥料と農薬によって生産された輸入トウモロコシと縁を切ることができる。

平飼い養鶏の先駆者・中島正氏の『自然卵養鶏法』(農山漁村文化協会、一九八〇年、増補版は二〇〇一年)によると、サツマイモを鶏の飼料にする研究が一九五三〜四年に国内で実験され、産卵率七〇%という結果を残している。飼料用のサツマイモ品種「タマユタカ」は、露地栽培で一〇アールあたり三トン以上の収量が望めるそうで、一ヘクタールのタマユタカを栽培すれば八〇〇羽の鶏が養えることになる。これは現実性のある話だ。

最近、家から畑に通う途中、休耕地が目立つようになってきた。借りている畑の周辺で仕事をする農民たちも、半数は高齢の人びとだ。今後ますます、耕す人がいない農地は増えていくと思われる。これは嘆かわしい現実であるけれど、少しでも農地を荒らさないために、あるいは産業廃棄物の捨て場にさせないためにも、積極的に農地を借り、利用していくことが必要になってくるのではないだろうか。

そうした場合、飼料用サツマイモの栽培の可能性が開けてくる。また、牛糞堆肥を使用しない場合は、何によって有機物の補給を図っていくかが大きな問題となる。そのとき、休耕地を利用してのイネ科作物の栽培、具体的には粟、黍、稗などの雑穀や、小麦、大麦、エン麦、ライ麦などの麦類の栽培が、野菜畑との交互の輪作体系を可能にし、展望を開いてくれそうな気がする。

少し考えを整理してみよう。いまわが家で一・二ヘクタールほどの畑を耕作しているが、休耕地を借り受けて面積を二ヘクタールほどにする。増やした八〇アールのうち三〇アールは飼料用のサツマイモを育て、残りの五〇アールはイネ科の作物をつくる。とくに注目しているのは、稗の栽培だ。冷夏や干ばつに強く、成育が旺盛なうえに、雑草を抑えて成育するという。

雑穀や麦などの実は、人間と鶏が分け合って食べる。それとサツマイモによって鶏が育ち、卵を産む。イネ科の作物の大量の根・茎・葉は大地に戻され、次に作付けられる野菜たちに良好な環境を整える。無農薬の飼料で育つ鶏たちは、一羽が一年間で約二〇キロの健康な糞をする。八〇〇羽で一六トンの鶏糞は、ふたたび大地に戻される。

そのような内容で、二ヘクタールずつ耕作する仲間が三軒あれば、現在のワンパックと同じ量の野菜と卵が生み出されることになる。それらは、いま以上に安心して送り届けられる品質だ。

ワンパックが満二〇年を過ぎた。ぼくはいま四八歳。次の二〇年、つまり六八歳まで百姓仕事ができるとして、どんな農業をやっていくのかというときに、やっと探しあてたぼくなりの方向だ。これならば、息子にも「百姓やってみないか」と声がかけられそうな気がする。

飼料用サツマイモやイネ科作物の収穫に機械力は欠かせないだろうし、畑の面積を増やして労働力は足りるのかとか、鶏は本当に卵を産むのかとか、全体的に採算は合うのかなど、問題は山積みしている。まあ五カ年計画ぐらいで徐々に進めていけばいいのではないか。

（『三里塚情報』第三八五号、一九九六年一一月）

直売所から見えたもの

　ワンパックの出荷場の脇に、一坪に満たない広さの直売所を開いて丸一年が過ぎた。県道から二〇〇メートルほども入ったこの場所に、はたしてお客さんが来るだろうか。内心とまどいながらの出発だった。しかも、このあたりは、かつて火炎びんが飛び交った地元では有名な危険地帯。いまでもガードマンの監視の目が光る場所にお客さんがやってくると考えるほうが、不自然だろう。

　おとなりの三里塚物産では、「らっきょうの田舎漬け、小売りします」という看板を県道沿いに出している。小さな看板なのだが、休日には何台かの車がらっきょうを求めてやってきた。だから、まったく可能性のない話でもないとも思った。

　最初の一～二カ月は料金箱に金の入っていない日が多く、一〇〇円玉一個でも入っていれば歓声をあげたものだ。そのころのお客さんは、おもに三里塚物産の人たちだった。したがって、三里塚物産が休みの日は、売上げがほとんどない。平野靖織《きよのり》さんは野菜を買いにきて、こうなぐさめてくれた。

「ぼくたちのらっきょうも、初めはほとんど買いにくる人がいなかった。石の上にも三年だよ」

月額二万円ほどの売上げに、ワンパックのメンバーは、「こんなもんだよ」「これで充分だよ」という反応だった。「出荷の残り野菜が売れればいい」という程度の出発だったから、そうかもしれない。しかし、自分勝手に店の番頭をかって出たぼくとしては、そうはいかなかった。低迷を続けるワンパック経済をいくらかでも補足するために、ぼくの目標は月額一〇万円の売上げだったからだ。

ぼくが心がけたのは、たとえトタン葺きの掘立て小屋のような直売所でも、その空間にぼくたちの気持ちが表現されているのだから、できるかぎり心をこめてお客さんを迎えるということだった。

美代さんが麻の生地を買い求めてきて、壁とテーブルの上を飾ってくれた。ぼくは、花を飾ることを欠かさないようにした。野草や野菜やハーブの花を、さり気なく。そして何よりも、常に新鮮な野菜を並べておくことだ。この店に来れば、旬が感じられる。楽しんで野菜をつくっていて、楽しんで直売所を運営している。それが伝わってくれれば、このうえない。

変化は徐々に表れた。休日に売上げが増えていったのだ。ぼくたちは畑に出ているので、どんな人たちが訪れているのかわからないのだが、昼に戻るついでに店をのぞくと、野菜や卵がなくなっている。三時の休みに戻ってきて見ると、また売れているという具合になった。一日に何度も新しい野菜を並べ、ときには在庫がなくなって、あわてて畑から収穫してこなければならないこともあった。

「すっかり俺たちのおかぶを取られちゃったよ」と、三里塚物産の人たちが口々に語った。

固定客が増えたのは、とてもうれしかったし、もうひとつうれしかったのは、お金に間違いがないことだった。巷《ちまた》の噂では、無人直売所の多くが、一円玉一個を入れて野菜を持っていかれたとか、悪質なのでは料金箱ごと盗まれてしまったとかのイタズラに悩まされているという。それがなかった。二〜三度は、こんなメモが料金箱に入っていた。

「代金一〇〇円足りなかったので、次回に入れておきます」

直売所の楽しみは、その日その日に結果がわかることだ。品物を並べるということは「これ買ってください」ということで、それが売れたということは「これ買ってもいいよ」ということだ。そこに心の通じ合い、ドラマがある。たかが一〇〇円、されど一〇〇円なのだ。

店に並べて売れ残ったものはあったが、一つも売れなかったものはない。たとえば、ブルーポップコーンの種、みょうがの苗、ネギ坊主。こんな特異なものでも、ちゃんと買っていってくれる人がいる。売る気になれば何でも売れる、ぼくはそう確信した。

売上げはゴールデンウィークのころにピークに達して、目標の月額一〇万円を超えた。野菜の苗やハーブの苗もにぎやかに店頭を飾って、売上げを伸ばした。もし一人が直売所にかかりっきりになれば、その倍の目標も不可能ではない。ぼくたちにはまだその時間がないが、それがわかっただけでも、一年間ふんばったかいがあったと思っている。

お客さんからいただいた心に残る言葉がある。

「ここに来るのが楽しみなんです」

「ここの野菜で料理すると、元気が出てくるんです」

人はまだまだ信じられる。

（『三里塚情報』第三八六号、一九九六年一二月）

ギヤ・チェンジ

昼寝を楽しむようになったのは、五～六年前からだろうか。暑くなり始めると葉を広げ、まるで日傘のようにわが家をすっぽり覆ってくれる一本のねむの樹のおかげで、あばら屋の夏はとても涼しい。

外は炎天下、午前中の仕事で汗だくなシャツやズボン、下着を脱ぎ捨て、お風呂の残り湯（五右衛門風呂なので湯が冷めにくい）で体を洗い流し、さっぱりしてから昼食をいただく。そして、満腹になったところで、よっこらしょっと横になる。滑走路予定地の草原を渡ってくる微風が開けっ放しの家の中を通り抜け、そこにセミがジーと鳴いてくれると、最高の昼寝の舞台ができあがる。強い陽ざしにさらされる農作業があるからこそ与えられる、至福の時間なのである。

二〇代や三〇代のころは、昼寝などしなかった。たまに慣れないことをすると、目覚めてからしばらく頭が痛かったものだ。昼寝どころか、満足に昼休みも取らなかった。集会だ会議だと飛び回っていて、しみじみ百姓をすることが少なかったから、せめて畑にいる日ぐらいはと、昼食を食べ終わったらすぐ体を動かす。ワンパックの共同作業が盛んなころで、そうやっては皆の昼休みの邪魔をした。まことに迷惑千万なのであった。

ところが、このごろはというと、夏の暑い日にとどまらず、春夏秋冬、四季を問わず、年中無休のライフスタイルになってしまったのである。つまり、昼飯を食べるとすぐ眠くなる。まるで、オッパイを飲みながら眠りにつく赤ん坊のようだ。

なんといっても、真夏の黙っていても汗が噴き出てくるぐらい暑い日の昼寝ほど最高のものはない。逆に、厳寒の冬の日のこたつにもぐりこんで、しばし陥る浅い眠りも、またおつなものだ。日が暮れるのが早い時期なので、あんまりゆっくりしていると働く時間がなくなってしまうから、せいぜい一〇分か一五分、自分でも眠ったか眠らなかったのか定かでないぐらいの短い時間であるが……。

なに、一〇分も眠れば充分だって？　すみません。ああ、昼寝はいまやぼくの人生に欠かせないものになった。

話は変わるが、体力の衰えを感じたのは四〇歳になる少し前からだろうか。如実にそれを感じさせられるのは、田んぼの代かき作業だった。わが家の田んぼは、谷津田特有の深んぼだ。かつて一度トラクターを入れて耕したことがあったが、随所で湿地にはまりこんで身動きがとれず、あの強引な石井新二《しんじ》さんをも唸《うな》らせた名所旧跡なのだ。その事件以来トラクターはご遠慮願って、耕耘機を用いて田起こしと代かきを行っている。

その耕耘機は、前に進むのに三段変速になっていて、各段階ごとにそれぞれ高速・低速のどちらかを選択できる。つまり、実際には六段階の速度を選べるようになっている。ぼくはずっと「三の低速」で、代かき作業を行ってきた。

代かきは、鋤《すき》で荒く耕した田んぼに水を張り、田植えがしやすいように土を砕き、どろどろにしていく作業である。基盤整備されていない田んぼでは、まさに泥と水と人間との格闘だ。

それでも、二〇代や三〇代の前半は、ときには口笛を吹きながらその格闘に汗を流していた。一日中、田んぼを行ったり来たりなのである。泥水がはねて瞳《ひとみ》の中に入ってくるのが気になるぐらいで、それこそ昼休みもせずに耕耘機のエンジンをとどろかせながら、田んぼを一枚一枚、仕上げていった。

しかし、三〇代も後半になると、途中でちょっと機械を止めて、息をつくようになってきた。そして、それからというものは、一年一年経るごとに息が荒くなり、休む回数も多くなり、われながらため息をついて前途を案ずるほど、情けない体力の低下なのである。

人間老いていくのはあたりまえのことと認識していても、それを自分で納得し、受け入れるのは、やさしいことではない。

いつまで、こうやって代かきができるのだろうか。息をハアハアさせながら立ち止まる。まあ、でも機械が使えなくなったらのんびり鍬《くわ》で耕し、ゆっくり鋤で代かきできる程度の広さで米をつくればいいんだと考えていた。

ところが、昨年（九六年）の春、画期的なことに気がついた。耕耘機の速度を一段階落として、「二の高速」にしてみたところ、あたりまえではあるがとても楽ちんなのだ。その速度だと、途中で息をつくどころか、鼻歌まじりで田んぼを行ったり来たり。なんだか一〇歳若返ったような気分になってくるから、不思議なものだ。

やっと惑わずに自分の速度を知ったというところだろうか。そこからまた、新しい世界が見えてくる。

（『三里塚情報』第三八七号、一九九七年一月）

非暴力農業

東京でベトナム戦争に反対するすわりこみをしていたとき、ぼくの目を引きつけたのは、機動隊とか私服刑事の動きではなく、路上のごみだった。そのとき（一九六八年）の体験をもとに、こんな詩を書いた。

すわりこむと
ごみがよくみえる
すわりこむことは
ごみの低さに
近づくことだ

いっしょにすわりこんでいた鶴見俊輔《つるみしゅんすけ》さんは、この詩を気に入って、「曲をつけて歌にできればいいなあ」と言ってくれた。

すわりこみは抗議の示威行動だけれど、その元にあるのは、怒りの感情ではなく、ぼくにとっては祈りに近いことだった。ただし、教会や寺院で祈るのではなく、国家の前に身を置いて、逮捕覚悟でする行いだ。

埴谷雄高《はにやゆたか》氏は『幻視のなかの政治』(未来社、一九六九年)で、「奴は敵である。敵を殺せ」が政治の裸にされた原理だと書いた。そして、その背後にあるのは、「憎悪の哲学」だと述べた。非暴力という行為は、とても無力なもののように見えるけれど、そういう政治の原理に組み込まれない運動として、いつまでも色褪《あ》せないやわらかな光を放っているように思う。三里塚のおっかあたちがバリケードの杭に鎖でわが身をしばりつけ、機動隊と向き合った姿が、いつまでも人びとの記憶のなかに生きているように。

三里塚に暮らし始めてからいままで、ぼくはいつも非暴力ということを意識しながら過ごしてきた。それをもっとも理解してくれたのは、東京でいっしょにすわりこんだ人びとだ。

鶴見俊輔さんは『鶴見俊輔集8私の地平線の上に』(筑摩書房、一九九一年)のなかで、三里塚でのぼくの生活に触れ、次のように書いてくれた。

「自分が今ここにこのようにして住んでいることが、そのまま、非暴力の形をとおしての権力批判になっているという自信が、今の彼にはあるようだ」

「農業そのものの中には非暴力の精神の根をおろす場所があるように思う」

いまぼくは、ぼくにとっては大きな転換期にいる。二〇年かかわってきたワンパックを離れ、自分なりの農場を開こうとしている。このとき、いままでに増して非暴力ということを強く意識している。

「奴は敵である。敵を殺せ」という政治の原理は、当然ながら農業を支配し、農薬の大量散布をもたらした。そこを改めるべくして生まれた有機農業は、積極的な非暴力の行動だった。日本で有機農業の動きが始まり出して二五年、その裾野の広がりはめざましいものがある。無農薬・無化学肥料で充分に野菜たちが生産できることも実証された。と同時に、ひとつの山を登ると、またその先に大きな山が立ち現れ、行く手をふさいでいるというのが現実だ。

日本の有機農業が抱えている大きな問題は、なんといっても輸入穀物なしには成り立たない点だろう。多数の有機農業者が使用している堆肥や有機質の肥料は、家畜の糞尿を材料としているが、牛や鶏の飼料の大半は輸入穀物によってまかなわれている。平飼いの有精卵も例外ではない。

外国において多量の農薬や化学肥料を使用して生産された穀物なしには維持できないのが、現在の有機農業の実態だ。昨年(九六年)末からは、遺伝子組み換え作物が飼料のなかにも混入され、さらに問題を深刻なものにしている。

また、ダイオキシンの発生源になるビニールやポリマルチの使用も大きな問題点だ。ビニール製品なしにわれわれの生活が成り立たないのが現実だけれど、少しでもその使用を控えていくことが急がれるのではないか。安心して食べられる野菜を生産するために、焼却すれば猛毒が発生するものを使い続けなければならないとは、なんという矛盾だろう。

そうした現状を超えようとするとき、その前に立ちはだかるのは、経済性や採算性ということだ。でも、本当に「食っていけない」だろうか。

「採算ということを、もう一度考える必要があるのではないでしょうか」

ワンパックの出発地点からずっと会員としてぼくたちを支えてくれた山口幸夫さんが、そう言った。ぼくは、目先のことにとらわれず、五〇年、一〇〇年先の人類という視点に立ってということだろうと推測した。

山口さんも相模原補給廠《ほきゅうしょう》ですわりこみを続けた人だ。矛盾に流されずに、そこを超えようとするとき、そこに非暴力の力がはたらいている気がする。

（『三里塚情報』第三八八号、一九九七年二月）

循環農場・準備中

燃やせないものは使わない

　まもなく循環農場がスタートする。畑では、地温を上げたり保温を保ったり草の発生を抑えたりするためのポリマルチやビニールトンネルを使用しないことにしている。この季節、畑作地帯では徐々に地面がキラキラと白く輝き出す。トンネルものの大根や人参、葉物、マルチもののイモ類、果菜類、トウモロコシと、ほとんどのものがわれ先に促成栽培されていく。市場出荷の場合、一般的に早出しのほうが高値で取引きされる。

　周辺がそういったなかで、二月の末に露地にほうれん草や小松菜、小かぶや人参の種を播くのは奇異なことだ。サツマイモのマルチをやめたことについて、ある人から「一人だけ目立とうとして」というようなことを言われた。ぼくとすれば、逆なのだ。「格好いいこと」をしようとしているわけでなく、マルチの使用に耐えられなくなったのだ。そのことがなかなか理解してもらえない。

農業を始めて二五年、疑問を感じながらも、ときとしてマルチを使用してきた。他人と比べると使用量はとても少なくても、自分にとってはもう限界なのだ。わが家に燃やすことのできないマルチの山があって、そこから脱出しないと生きられない。そこに出発点があるのだが……。

ほうれん草や小松菜たちは慎重に、二週間ほどかけて芽を出した。ぼくにとっても、この季節に露地播きするのは初めてだ。種たちの行動に感謝せずにはいられなかった。ラディッシュもべか菜も顔を出して、循環農場の五月からのスタートを祝福してくれている。育苗ハウスでは、自家採種したナスやピーマン、ミニトマトやハーブ類がすくすくと育っている。このビニールハウスも今年(九七年)かぎりだ。大工の親方の前田勝雄さんにお願いして、一年かけて中古のアルミサッシを集めてもらい、アルミサッシ温室を手づくりしようと計画している。いままで三年に一度はビニールハウスを張り替え、不用になった塩化ビニールの処理に頭を悩ませていたが、やっとそのストレスからも抜け出せそうだ。

すべて自家製の苗床へ

ナスやピーマンが芽を出している苗床の土は自家製だ。一時は床土づくりが不調で、購入していたこともあった。ナスなどは、本葉四枚ぐらいで一回目の移植をする。そのころになると、根もそれなりにしっかりして、床土のできが多少あやうくてもなんとか育つ。しかし、発芽期の床土は完璧でなければならない。発芽に失敗すると、痛手は大きい。播き直すしかないが、そうすると二週間以上は遅れをとる。自家製の床土に対して一〇〇％の自信が必要となる。

だから、確信がもてないころは、やむを得ず発芽させる分の土だけ種苗会社製のものを使用していた。それはpH（ペーハー、酸性かアルカリ性かの指数）や肥料分などが化学的に調整され、病原菌も農薬などによって土壌消毒され、均一化されている。

有機農業を始めたころは、雑木林から腐養土を採ってきて、そこにすぐ種を播いて失敗したこともあった。いかに腐葉土がすぐれたものであっても、一定期間寝かしておかないといけないのだ。腐養土は雑木林の中にあってこそすばらしい働きをしているのだが、いったんそこから取り出すと、びっくりして反乱を起こす。怒りが鎮まるまで、静かに寝かせ、熟成させる時間が必要なのだ。

ひとむかし前にはやっていた床土のつくり方は、土をバーベキューする方法だった。腐養土などを大きな鉄板の上に載せ、下からどんどん火を燃やし、土を混ぜながら焼くことによって病原菌を殺すのだ。しかし、焼き方が雑だったのか、思ったような成果は出なかった。

四方の木の枠をつくり、そこに腐養土や堆肥、鶏糞や骨粉などを発酵させたもの、そして赤土や田んぼの粘土などを繰り返しサンドイッチ状に積み重ね、上に帽子をかぶせ、一年間野積みしておくのが篤農家の床土づくりだ、と知ってはいた。でも、前もって一年前から準備するということが、駄農にとってはなかなかむずかしい。

ここ三〜四年かけて試行錯誤のうえ身につけたのは、床土を発酵させてつくる方法だ。作物の残渣（トウモロコシの茎やオクラの茎、豆類の蔓など）を一カ所に積み重ね、二年間ほど放置しておいて土と化したものと、腐養土を篩《ふるい》にかけて、同量ずつ山にする。それに米ぬかと市販の発酵菌を加えて混ぜ合わせ、発酵させる。そして、発酵熱によって水分がほとんどなくなって、フカフカになった土に適当な水を加え、さらに同量の赤土を混ぜ合わせる。これで床土の完成となる。

今年はその方式からただひとつの購入物だった菌を抜いて、床土をつくってみた。腐養土にたぶん無限に潜んでいる土着菌の力を信じたからだ。はたして、その土はみごとに発酵するのであろうか。

土着菌の力で発酵は成功

土着菌の存在は、落ち葉はきで目にしていた。土着菌は竹や広葉樹の落ち葉の下のとこ

No.18 2004年1月1日発行

コモンズ通信

コモンズ —— 発行人 大江正章
〒161-0033 東京都新宿区下落合1-5-10-1002
TEL 03-5386-6972 FAX 03-5386-6945
info@commonsonline.co.jp http://www.commonsonline.co.jp/

15年ぶりの作品

コモンズがまだ自社の本創りだけで食べられなかった98年、『有機農業ハンドブック』の編集・制作の仕事をいただきました。そのとき、「循環農場大童」という文章を書いていただいたのが、三里塚で有機農業を営む小泉英政さんです。『百姓物語』(89年)でそのファンになっていたぼくは、いつかエッセイを出版したいと強く思っていました。その願いは友人の花崎晶さんをとおしてかない、2月に新刊『みみず物語●循環農場への道のり』(予価1700円)がついに出ます。

無農薬で飼料作物を栽培し、自家製のエサだけでニワトリを飼い、その鶏糞を発酵させて野菜を育てる。ビニールもマルチも外部の資源は一切、投入しない。みみずはニワトリの餌になり、その糞は土を育てる。こうしたホンモノの循環農業に精を出し、自然をからだで感じる日々を、農作業の合間に詩情豊かに綴りました。

落ち葉はき、谷津田の風景、百姓百品「万次郎」カボチャ、種採りじいさん、五穀にかこまれて、ライ麦畑の風、雨のにおい、未踏園…。それぞれのタイトルから、農の風景が浮かんできそうです。小泉さんはこう書いています。

「わが家の畑からぼくが目標とする渓流のような野菜が生まれつつある」

右肩上がりです

9月＝196冊、10月＝239冊、11月＝358冊。

『食農同源』(8月25日見本、足立恭一郎著、2200円)の取次経由の注文部数です。一方、返品は月を追って減っています。いまの出版界では、あまりない現象でしょう。それも上製288ページの固い本なのですから。

これは長年にわたって有機農業の調査・研究を行い、関係者からの信頼が厚い足立さんの、58歳にして初の単著です。著者もぼくも、本当に力を入れて創ってきました。たくさんの書評で取り上げられ、それが注文にも反映したのです。おそらく増刷もできるでしょう。

コドモたちの世界を描く

「コモンズからコドモの世界を探求する本を出したいです」見ず知らずの今野稔久さんから熱い手紙をいただいて2年半。何度ものコメントと書き直しを経て、『コドモの居場所』(1400円)は完成しました。3人の子どもを育てながら、養護学校の教員として体の不自由な生徒たちと精一杯かかわるなかで見えてきたことが、たくさんのエピソードとともに語られています。無名の著者の本を長い時間かけて創る。およそ非効率的な仕事ですが、毛利子来さんに「親と教師の目からウロコを落としてくれる本だ」と評していただき、感激しました。

流対協に入りました

7月に、以前から誘われていた、中小・零細出版社で構成する出版流通対策協議会(会長は現代書館・菊地泰博氏)へ加盟しました。これまで入ってこなかったのは、本業とNGOのお手伝いでともかく忙しく、活動をする余裕がなかったからです。その状況が変わったわけではありませんが、出版業界のさまざまな情報を知る必要性を感じて、加わることにしました。

FAXによる書店への一斉チラシの配布、取次会社との交流など、早速に役立っています。差別的な取引条件の改善にもつなげていきたいと考えているのは、もちろんです。

郵便はがき

料金受取人払

落合局承認

555

差出有効期間
平成16年5月
14日まで

郵便切手は
いりません

161-8780

（受取人）
東京都新宿区下落合
一―五―一〇―一〇〇二

コモンズ

行

お名前　　男・女　（　歳）

ご住所

ご職業または学校名

ご注文の方は電話番号
☎

本書をどのような方法でお知りになりましたか。

1. 新聞・雑誌広告（新聞・雑誌名　　）
2. 書評（掲載紙・誌名　　）
3. 書店の店頭（書店名　　）
4. 人の紹介　　5. その他（　　）

ご購読新聞・雑誌名

裏面のご注文欄でコモンズ刊行物のお申込みができます。書店にお渡しいただくか、そのままご投函ください。送料は380円、6冊以上の場合は小社が負担いたします。代金は郵便振替でお願いします。

読者伝言板

今回のご購入
書籍名

ご購読ありがとうございました。本書の内容についてのご意見、今後、取り上げてもらいたいテーマや著者について、お書きください。

＜ご注文欄＞定価は本体価格です。

安ければ、それでいいのか!?	山下惣一編著	*1500* 円	冊
食卓に毒菜がやってきた	瀧井宏臣	*1500* 円	冊
有機農業が国を変えた	吉田太郎	*2200* 円	冊
肉はこう食べよう, 畜産をこう変えよう	天笠啓祐・安田節子他	*1700* 円	冊
都会の百姓です。よろしく	白石好孝	*1700* 円	冊
水とガンの深い関係	河野武平	*1600* 円	冊
遺伝子組み換え食品の表示と規制	天笠啓祐	*1300* 円	冊
危ない生命操作食品	天笠啓祐	*1400* 円	冊
アトピッ子料理ガイド	アトピッ子地球の子ネットワーク	*1400* 円	冊
自然の恵みのやさしいおやつ	河津由美子	*1350* 円	冊
エコ・エコ料理とごみゼロ生活	早野久子	*1400* 円	冊
〈増補3訂〉健康な住まいを手に入れる本	小若順一・高橋元他編著	*2200* 円	冊

書評から（抜粋）

●『食農同源』

危機にひんする日本の食と農について考察し、豊かさを取り戻すための方策を提言する書。農水省農林水産政策研究所の研究者である筆者は、資料を丹念にひもときながら現状を分析する。漫然と仕事をする行政への追及は厳しい。だが、現状は、買い物という投票行動をする国民にも責任があると筆者はいう。だからこそ、外観や価格にとらわれすぎた商品選択や価値基準を見直し、環境への負担を軽減する農業へ支持を、と呼びかける。50年代、政府がパンやめん類を推奨し、栄養指導車を巡回させ、日本人の食生活が大きく変わった経緯を逆説的に評価し、本気で取り組めば短い時間で行動を変えることは可能だと説くくだりがユニーク（『朝日新聞』03年10月15日）

●『危ない電磁波から身を守る本』

4ミリガウス以上の電磁波を浴びている子どもは4ミリガウス未満の子どもとくらべ、小児白血病の発症率が2・6倍（8歳未満は7・3倍）。この事実に基づき、著者は様々な警告と改善策を本書で提案している。「携帯電話はイアホンマイクを使い、頭から離して通話する」「妊娠中、IH（電磁）調理器は30㎝以内に近づけて使わない」「パソコン、テレビは液晶を選ぶ」等々、具体的な防衛策が満載だ（『週刊現代』03年8月2日号）

●『地球買いモノ白書』

私たちが日ごろ口にし、使っている物の原材料は、どのように調達されているのか。本書は徹底的に追求する。カップめんのかやくのエビ1kgを捕る度に、一緒に網に掛かったイワシ5kgが捨てられる。弁当に入っている鶏肉はタイなどの工場で加工されており、従業員の日給は四百円程度。雑誌のカラーページに使用される紙は、オーストラリアや米国の原生林を伐採して作られる―。日本の物質的な豊かさの背景を知ることができる一冊だ。（『共同通信』配信03年10月）

読者カードから

●『肌がキレイになる化粧品選び』

アトピー肌で、敏感肌のため困っていた私には、とても参考になる話があり、読んで良かったと思いました。（39歳・女性）

消費者の知る権利が、現状では有効にいかされていないように思う。社会や企業に対しもっと情報の公開をのぞみたいと思った。いろいろな面でとても勉強になった。（35歳・女性）

●『パンを耕した男』

2日間で読んでしまいました。自家製酵母でパン作りしてますが、ヘルシーにいろいろ工夫を楽しんでいます。大橋さんは全てお仕事に手広くしてらっしゃるので感心してます。葉祥明さんの絵が大好きでこの表紙が気に入ってます。（69歳・女性）

丹念な取材と、ダイナミックな構成で銀嶺さんと大橋雄二氏（並びにそのご一家）をあたたかい第三者の目からあきらかな主張をもってうかび上がらせていると思いました。（76歳・女性）

●『食農同源』

知らないことがたくさん書かれており、大変刺激を受けました。姉妹書が近々出されるとのこと。是非手にしたいと思います。農水の方の本とききき、びっくりしながら読みました。（49歳・女性）

コモンズブック・ブック

『肌がキレイになる化粧品選び』
境野米子
A５判 128 頁
1300 円

『地球買いモノ白書』
どこからどこへ研究会
A５判 104 頁
1300 円

続刊予定

アジア太平洋資料センター『100円ショップの向こうにグローバル化が見える』
村井淳・坂下ひろこ・佐藤真紀『いのちって何だっけ』
藤林泰・宮内泰介編著『北上するカツオ、南進する人びと』
野中春樹『ジャングルで学んだ子どもたち』
古野隆雄『農業を面白くする本』
上原巌『森林療法』
（タイトルは仮題です。）

デザイン・日高真澄

ろどころに、不定型ではあるが直径四〇〜五〇センチほどの大きさで白い菌糸をめぐらしている。落ち葉を抱え込んで繁殖しているため、厚みが二センチほどある。一つの集団のなかには数えきれないほどの落ち葉が押し花状態で圧縮されているが、それは当然ながら上から何らかの圧力がかけられたものではない。土着菌が繁殖していく過程で、落ち葉の一枚一枚を自分の世界に取り込んでいった結果だった。

何百枚、いや何千枚の落ち葉が重なり合って形成されているため、雨水などの浸入をまったく寄せつけず、土着菌にとって最適のマイホームだ。かといって、密閉されているわけではなく、自分たちが生きるための酸素はきちんと取り入れられている。また、乾燥しているわけでもなく、適当な湿気もある。摩訶不思議な住居なのだ。いま流行の素材のゴアテックスの上をいくのである。

『現代農業』（農山漁村文化協会）の一九九五年一〇月号によると、土着菌は、その地域地域の気候や土質などによってそれぞれ違う。その土地に馴染《なじ》み、地場性があり、その土地でずっと生き抜いてきた強さがあるという。同じ菌でも、山の南側の斜面、つまり日の当たる場所を好む菌もあれば、山の北側の斜面、日陰を好む菌もいる。したがって、山のあちこちから土着菌を集めて発酵肥料をつくり、それを畑に施すと、日照りにも冷夏にも強い作物ができるそうだ。

夢のような話だが、しかしとても説得力がある。まあそこまでいかなくても、土着菌は純粋培養された市販の発酵菌とは違って、その地域の気候や風土を知り尽くした賢者なのだから、それを活用しない手はない。

さて、床土づくりの話に戻そう。発酵がうまくいったかどうかを知るのは簡単なことだ。うまくいった場合はどんどん温度が上がってきて、五〇度ぐらいになる。まったく変化がなければ失敗だ。温度が上がってくるまでの時間は、外気の温度によって違う。夏の場合は二日もすれば発酵を始めるが、冬だと一週間ほどかかる。

床土をつくるのはいつも冬の作業だ。素材を積み上げておいて、その上を古い蒲団などで覆い、「おやすみなさい」と静かに寝かせておく。「お前は一週間も経たないうちにむくむくと起き出して、やんちゃに暴れ回るのだから、ちょっとの間おやすみなさい」なのである。

長らくワンパックで活用してきたバイムフード菌（天然に存在する好気性の菌を培養したもの）を使用しないで床土をつくるのは初めてだったから、「おやすみ」と声をかけるのに、少し不安が入り混じった。一週間ほどしても、なかなか熱が上がってこない。土の中に手を突っ込んでみても、ひやりと冷たい。これは発酵を促すために湯タンポでも入れてあげないといけないかなあと思案しているうちに、二日ほど経った。

次の朝、何気なく土の山にかぶっている蒲団に目をやると、表面が濡れている。「おや」と思って蒲団をはがすと、冷たい大気に湯気がもやもやっと立ち上っていく。土の中に手を入れると熱いほどで、表面はぐるりと、ふわふわとしたスポンジ状になっている。成功したのだ。もしかしたら、その時点でやっと一週間が経過したのかもしれなかった。まだかなという心がときを急いで、数えすぎていたのかもしれない。

そのことをだれにまっ先に報告したのかは、ここでは書かない。「私の名前が出すぎるわ」と言われているからだ。その土着菌で発酵した床土を、もうもうと立ち上る湯気のなかで切り返し（スコップで混ぜ合わせながら新しく積み上げていく）、「暑い」と言ってセーターを一枚脱いだのも、「その人」である。

地形や風土を活かした豊かさ

先日、『木の国職人譚』（菊地修一著、影書房、一九九六年）を紹介している一枚のチラシに書かれていた言葉にひかれて、買い求めた。その言葉を要約すると、こうだ。

「神社や仏閣は、それを建築する場合にもっとも近いところの山を買う。その場合、その山の南側の木は建物の南に用い、北側の木は北の建物に用いる」

山のあちこちから土着菌を採取することは、それと相通じ合っている。循環農場を考える場合、それらのことはとてもよいヒントを与えてくれる。

マルチを使わない、ビニールトンネル栽培をしないというと、一見豊かさが限られるように思われる。生協の注文書を見ても、早春にトマトやキュウリが商品として取り上げられている。そういう豊かさと、「山の南側の木は建物の南に」という豊かさとは、かなり質が違う。この前、雑木林の日影になる畑にみょうがを植え付けていて、ふとそんなことを思った。

「山の南側の木は建物の南に」という発想は、とても理にかなっている。同じ発想で作物を考えると、日陰には日陰に合う野菜を、湿地には湿地に合う野菜をということになる。みょうがは半日陰を好む作物だ。以前、ワンパックでも作付けしたことがあったが、その畑はみょうがにとって好条件の畑ではなかったために、いつのまにか姿を消してしまった。みょうがは色どりといい香りといい、秋の入り口の端境期《はざかいき》に手に入ればとてもうれしい一品だ。

一軒の農家の一ヘクタールの畑でも、必ずしも同じ条件に位置しているわけではない。少し傾斜があれば、大雨のときには水のたまる場所、日照りのときには乾燥しやすくなる場所ができてくる。また、風の被害を受ける場所、まぬがれる場所とさまざまだ。多品種を小規模で栽培する場合は、場所場所に適したものを作付けられる。それは異常気象や悪天候を見越した選択なので、被害を受けにくい。

　水のたまりやすい場所には、大豆や陸稲《おかぼ》、葉物で言えば中国野菜のエンツァイなどを播く。乾燥しやすい場所には、サツマイモやオクラ、日陰にはふきもいいし、パセリもいい。湿地があれば、セリやハスなどどうだろうか。大型機械を導入した大規模単作経営では、なるべく同じ条件の平坦な畑が望まれるが、狭い日本ではなかなかむずかしい。むしろ、山あり谷ありを楽しんでしまうほうが、よっぽど理にかなっている。

　ワンパックでマルチやビニールトンネルを多用し出したのは、端境期を乗り切るためであった。一年のうちで四月と五月は、もっとも野菜が少ない。そこで大根や人参、葉物などをトンネル栽培し始めた。それによって箱の中身は豊かになった。だが、それ以外に方法はないものだろうか。

　循環農場に踏み切って、いま確信をもって言える。マルチやビニールトンネルを使用しないでも、端境期を楽しく豊かに彩る方法はあるのだ。

　日本は北から南まで細長く、しかも山あり谷ありの地形で、その変化に富んだ気候と風土は多様な作物の品種を育んできた。農林水産省農業生物資源研究所編の『植物遺伝資源配布目録』（生物系特定産業技術推進機構、一九八七年）を開くと、驚くほど多様な品種群が羅列されている。

たとえば、大根だけでも約四〇〇種類が名を連ねる。しかも、これですべてではない。まだ地方で眠っている品種や、すでに種が絶えてしまったものも、当然ながらある。

スーパーの青果物のコーナーを見ると、いつも並んでいるのは青首大根だ。大根といえば青首大根と、一般の人びとは認識してしまう。四〇〇種類の大根など想像外のことだ。マルチやトンネル栽培をしなくても、品種を選べば露地もので四月や五月に収穫できる大根がある。にもかかわらず、青首大根が流行すれば、日本国中、青首大根症候群になってしまうから、ビニール資材に依存せざるを得なくなる。そういう国のありようがダイオキシン禍を招いている。そういうぼくも、それに気づかせられたのはつい最近だ。

ワンパックの作付けで、年越しで栽培する二年子《にねんこ》大根の当番になっていたので、昨年の一〇月末ごろ、大根の種を播いた。そのときは、ワンパックをやめることなど考えてもいない。「寺尾《てらお》二年子大根」の種をおもに播いて、試作として「早太り花不知時無《はなしらずときなし》大根」と「白茎亀戸《しろぐきかめいど》大根」を数列、播いてみた。

ちょっと種播きの時期が遅れたので、あまり順調な育ちとは言えなかったが、「寺尾」はそれなりに育っていった。それに比べて、「時無」と「亀戸」は、いっそのこと引き抜いてしまおうかというほどのみじめな姿。成育の遅れは、春までずっと尾を引いた。四月になって、「寺尾」のほうを出荷し始めても、他の二品種は貧弱なままだ。

ところが、四月の中旬を過ぎたころ、「寺尾」がどんどん薹立《とう》ってきて出荷できなくなってしまったときに、にわかに「時無」と「亀戸」が勢いづいてきたのだ。それは、品種の特性の違いをまざまざと見せつけてくれるものだった。名前のとおり、「亀戸」は茎と肌が白く美しく、「時無」は花不知で、四月の末まで薹が立たなかった。

同じ大根でも、季節によっていくつもの品種を播き分けてみる。人参だっていろんな人参があるし、豆類だっていろんな豆がある。さらに世界各地に目を向ければ、野菜の種類は無尽蔵にある。

今年、端境期といわれる四月と五月、わが家の食卓はいつにも増してにぎやかだった。循環農場一年目にしてこうだから、この先はどうなることだろう。楽しいから続けてきた百姓が、ますます楽しくなってきた。

（『循環だより』一九九七年五～六月号）

六月病なんて言っていられない

周辺の農家と比べると一カ月も遅い田植えを終え、梅雨の合間をみて小麦を刈り、六月もなかばとなれば、骨休みの時期となる。八〇種類もの苗たちでひしめきあっていたビニールハウスの中もそれぞれが畑に定植され、ガラーンとした。子どもたちが巣立ったあとの静まりかえった家の中の様子に似ている。

落ち葉はきから始まって、温床づくり、落ち葉の踏み込み、床土づくり、種播き、移植、水やりなどなど、ほぼ半年間の一連の作業を終えて、六月は心の張りをなくしてだらりとしてしまう。ぼくは勝手に、自分自身のそういう状態を「六月病」と呼んでいた。年中暇なしのみみずの生活にとって、そういう心身の状態は、病気というよりは必要不可欠なことだろう。ただ、そういう状態が、年齢とともに七月、八月とだらだら長期化していくことが、なんとなくヤバイかなと思っていた。

ところが、昨年(九六年)あたりから六月になると里帰りする者たちが出始めてきて、その迎え入れの気構えが必要になってきていた。何のことかおわかりかな、六月になると里帰りする者たちとは。種を明かそう。答えは、種。

つまり六月になると、冬ものの野菜たちの種採りの時期になる。今年すでに採り入れたものとしては、紅菜苔、岸金町小《きしかなまちこ》かぶ、チンゲンサイ、京都三号白菜、からし菜、覆下《おおいした》相模小《さがみこ》かぶ、大野紅《べに》かぶ、中国青大根、打木源助《うちぎげんすけ》大根、ターツァイ、ハーブでともにサラダの材料になるロケットとマーシュ(コーンサラダ)など。これから方領《ほうりょう》大根、マスタードグリーン、かつお菜、白茎亀戸大根、寺尾二年子大根、株張りべか菜、中葉《ちゅうば》春菊、新丸葉《しんまるば》小松菜、カモミール、キャベツの仲間のコールラビなどなどが続々と、「ただいま」と言って帰ってくる。しかも、放っておけば勝手に種になるものでもない。

種の採り入れ時期は、さやが少し黄ばんできたころがめどなのだが、それを狙っているのが野鳥だ。鳥たちにとって、野菜の種は大好物。黄ばんでくる少し前から、せっせとついばみ始める。自家採種の天敵は鳥さんなのだ。かくして、種採りの株ごとに、鳥よけのネットを張る仕事が必要となる。だから、とどのつまり、六月病と言っていられなくなってきたのだ。これはいいことか、はたまたよくないことか。

ガラーンとするはずだったビニールハウスの中には、里帰りした種たちが鎮座ましましている。まだ一〇種類ぐらいだから、それぞれに名札をつけなくても覚えていられるが、これ以上は覚えきれないだろうから、名札をつけねばならぬ。種を間違えてしまえば、とんでもないことになる。白菜を播いたつもりが、からし菜が出てきたりとか、そんなことがあってはならない（あるかもしれない）。

自家採種をして楽しみなのは、どんな花が咲くのかだ。サルシーフィ（西洋ごぼう）は、ごぼうと同じような根をしているが、調理すると貝のカキの味に似ているので、ベジタブル・オイスターといわれている。そのうち、わが農場の冬の端境期をにぎわす一品として将来を有望視されているもので、美しい紫色の花を咲かせた。葉はまったくごぼうと異なっていて、葉を見ただけではとても野菜とは思えない。これから咲くであろうチコリの花も、出会う日が楽しみだ。

先日、大野紅かぶの種を採ろうとして、茎ごとエイッと抜いてみたところ、なんとつややかな赤かぶがそっくりそのままの形でくっついてきた。大根やかぶなどの種を採ろうとするときは、自分好みの色や形のものを一度地面から抜いてみて選び取り、それをトラクターなどの作業の邪魔にならない畑の隅っこなどに、再度埋め戻しておく。野菜の生命力は強いもので、一度抜き取られても、ふたたび毛根が発根し、葉を茂らせ、花を咲かせる。

そういった経過のなかで、かぶは鬆《す》が入って、しだいに元の形でないものに地中で変化していると勝手に思い込んでいたが、顔を出したのはみずみずしい鮮やかな紅色のかぶだったから、思わず「ヒェーッ」と声を出してしまった。なるほど、これほど明瞭なものがついていれば、名札などつける必要もない。そう思って軒下に吊しておいたところ、二〜三日のうちに輝きも張りも失い、しわくちゃなものに変わってしまった。まさに生きていたんですね。大野紅かぶの一生を看取ったという感じだった。

六月病にかかっている場合じゃないといっても、そのような感動に導かれてのことなので、心配ないのではないか。これからニワトリも飼うようになり、長年の生活のサイクルが大きく変化していくだろうけれど、大丈夫さ。できるところからできるだけ、しかも楽しみながらをモットーとして。

（『循環だより』一九九七年七月号）

ライ麦畑の風

ライ麦を畑に播いたときは、それをニワトリの飼料にしようと思っていたわけではなかった。そもそも横堀部落の熱田さんから畑をつくってもらえないだろうかと声をかけられて、その畑を見に行ったとき、自分自身がその畑を耕すつもりでいたわけではない。多古町の佐藤さんの畑に飼料用のデントコーンを試作してみたのも、自分自身がニワトリを飼うつもりで栽培したわけではなかった。佐藤さんの畑を借りたのも、なりゆきでというところがある。

今年(九七年)の四月、二〇年間かかわってきたワンパックをやめて、循環農場を始めたとき、すでに畑にはニワトリの飼料となるライ麦が波打って育っていた。自家採種したデントコーンの種も豊富にあり、その畑もすでに確保されていた。まるで用意周到でワンパックをやめたようだ。

「ライ麦はコンバインじゃ刈れないぞ。第一、ライ麦なんて日本人のつくるもんじゃないよ」

大栄町《たいえい》の高柳《たかやなぎ》功《いさお》さんが冗談まじりにおどかす。たしかに、そうかもしれない。ライ麦は初夏に向かってぐんぐん伸びて、その穂はぼくの背丈を超えて見上げるほどになっていった。通常コンバインが刈り取る稲や小麦の三倍もの高さだ。ライ麦がどんなものかも知らずに二五アールもつくったのだから、人にあきれられるのももっともだ。ただ、本人にしてみれば、当初は実を収穫するつもりはあまりなく、緑肥用に考えていたと、ひとこと言いわけを言わせてもらおう。

「大丈夫だよ。刈れるよ」と言ってくれたのは、多古町の菅沢広志《すがさわひろし》さんだ。実際、菅沢さんは何度かコンバインでライ麦を刈り取ったことがあるという。

「うちのコンバインを貸してやるよ。中古のを人からもらってきたものだから、気にしないで使ってくれ」

話を聞けば、高柳さんからもらった機械だという。高柳さんはクシャミをしているかもしれない。

六月の末日、梅雨の中休みの晴天の日に、まず菅沢さんのライ麦畑でコンバインの調子を見てみる。ぼくにとってはコンバインを操作するのは初めてだが、それほどむずかしいものではなかった。コンバインという機械は、人間が腰かけて運転しながら稲などを刈り取ると同時に、脱穀していく機械だ。菅沢さんのコンバインは、ライ麦用の特別なコンバインなどではない。少し年式が古く、あちこちに補修箇所がある（小さな穴などはガムテープでふさいである）ふつうのコンバインだ。バッテリーも老朽化していて、一度エンジンを止めると、トラックのバッテリーなどから充電しないとかからない代物《しろもの》だ。

「無理せずに、だましだまし使ってくれ」と菅沢さん。「無理せずに」といっても、ライ麦を刈ること自体が無理を強いているのだが、エンジン全開でうなり声を出しながら、コンバインは強引にライ麦を喰い込んでいく。

畑で風になびくライ麦の表情は、水辺に生えるアシとかヨシにとてもよく似ていて、美しい。黄金色の細長い茎が二メートル近くも伸び、きゃしゃに見えるが、やわではない。コンバインがなんとかライ麦を処理できるのは、幸運にもそのような茎の性格によるものだろう。

運転に調子づいてきたぼくに、「このエン麦も刈ってくれないか」と菅沢さん。ライ麦もエン麦も、実はすべて循環農場の飼料用にくれるという。ライ麦一〇アール、エン麦一〇アール、刈り終えると日が暮れかかっていた。

ただし、菅沢さんの家ではあまり故障がなかったのに、横堀の畑に来てからはトラブルが続出した。ライ麦を少し厚く播きすぎたこともあって、コンバインはあえぎあえぎ傾斜の畑を動いた。ベルトが切れる、オーバーヒート寸前になる、ガムテープでふさいでいた穴がいつのまにか空いてエン麦の実を畑にばらまく、エン麦の殻がすぐ詰まる……。そのたびに機械を止める。猛暑も加わって、人間のほうもオーバーヒート寸前だ。

二五アールの畑になんと三日近くも費やして、ライ麦畑との格闘は終えた。菅沢さんの畑の分も入れて、合計で七〇〇キロほどの収量。とにかく「よくやった」とコンバインに声をかける。

七〇〇キロの穀物は、ニワトリ五〇羽の約一四〇日分の食糧だ。麦刈りに時間をとられていると、野菜畑のほうでは草たちが容赦なく繁茂してくる。デントコーン畑でも、雑穀畑でも、水田でも、次々と仕事が待っている。

循環の道が急に目前に現れて、その道を歩き始め、まだ数カ月しか経たないのに、その険しさに、ときどきほんの少し立ち止まる。自分が用意した道でないとすれば、だれかが用意したものだろうか。やはり自分が用意した道なのだ。

また歩を進めようとするとき、ライ麦畑の輝く風が、胸のあたりを通り過ぎていった。

（『循環だより』一九九七年八月号）

落ち葉ほうれん草

ほうれん草がおいしい季節は、なんといっても冬だ。霜にあたった露地ものは甘みも増して、ただゆでておひたしにして、かつお節と醤油をかけるだけで、うまい酒のつまみになる。

ほうれん草は大別すると、東洋種と西洋種とに分けられ、東洋種のほうがアクが少ないといわれている。しかし、西洋種のほうが丈夫で収量も多い。そのため、最近は両種を掛け合わせた交配種が一般的に出回っている。

二〇年ほど前は栽培がむずかしい野菜だった。酸性の土壌だと、芽が出て途中まで育つのだが、そのうち畑のところどころで黄ばみ出し、見るも無惨な光景になってしまう。だから、ほうれん草を播く前は必ず石灰をふって、畑を中和したものだ。有機農業を始めるようになって、土の状態がバランスよくなってからは、石灰などを使用しなくてもそれなりにできるようになってきた。そこに、品種改良された耐病性のほうれん草が次々と出回り始め、むずかしいものではなくなった。

いまでは、雨よけのハウス栽培が一般的で、一年を通して店頭に並べられている。ぼくはそれを買って食べたことがないから実際はわからないが、栄養価が薄れ、アクも少ないが味もないものだという噂は、何人もから聞いたことがある。

それでは、露地もので有機栽培のほうれん草はおいしいのだろうか。残念ながら、そうとは言えない。そのように育てられた冬のほうれん草でも、アクが強いものもある。経験上思うことだが、窒素過多で育つとアクが強い気がする。栽培が容易になって収量を上げようとするあまり、多肥栽培になって、それが逆に悪影響を与えているのではないかと思う。

ほうれん草のアクには蓚酸《しゅうさん》が含まれ、それが体内のカルシウムと結びついて、結石を生み出すといわれている。最近では、窒素過多で育った野菜には根から吸われた窒素（硝酸）がアミノ酸に変わる能力を超えて含まれ、それが人間の体内で発ガン物質を生成する原因になるという報告もある。

緑色が濃く、黒々としたほうれん草は、一見おいしさと健康の象徴のように見えるが、必ずしもそうではない。野菜の本などを見ると、おいしいほうれん草の見分け方がよく書かれているが、中身まで外見から見分けるのは不可能だ。どのような質のものか一番わかっているのは、ほかでもない生産者その人だ。

わが家のほうれん草を「落ち葉ほうれん草」と名づけて、ほぼ一年になろうとしている。育てるのに、落ち葉の堆肥しか使用しないからだ。その落ち葉堆肥は、果菜類などの育苗用の苗床の発熱材料として踏み込んだ落ち葉を、さらにもう一年間寝かせてつくったものだ。畑に散布するときには、葉はボロボロで腐養土に近い状態になっている。

肥料分の少ない落ち葉堆肥だけで作物が育つのだろうか。最初はとても不安だった。もちろん前作の肥料分も残っているが、それはわずかなものだ。

たしかに、肥料を豊富に与えた方法に比べると、成育の進み具合はゆっくりとしている。わずかな差なのだが、その速度に耐えられないといけない。じっくりと落ち葉堆肥の不思議な力がほうれん草を育てていくのを、ただただ人間は見守るだけ。

はたして味はどうなのだろうか。畑で知る方法は、茎つきで葉を一枚ちぎり取って、むしゃりと食べてみることだ。ほうれん草のアクは、下ゆでして水にさらすことによって、少なくなる。そうしないで、まず生で食べる。これで、アクのあるなしは歴然とする。

落ち葉ほうれん草は、口の中が驚くほどアクを感じさせない。霜にあたった冬ものは言わずもがな、初夏ものでも、うま味が口の中に広がっていく。ドレッシングをかけて、サラダでバリバリいただける。

ぼくは勢いづいて、夏の落ち葉ほうれん草に挑戦してみた。品種は夏でも薹立ちしにくいという西洋種の「キング・オブ・デンマーク」。梅雨の最中の六月一三日に種を播いた。猛暑のなか、雑草と競合しながら、なんとか育っていった。とはいっても、露地栽培など無謀な、ハウスでの雨よけ栽培や高冷地での作付以外無理な時期だ。残念ながら、商品となるまでには至らなかった。落ち葉の不思議な力も、万能ではないのだ。

しかし、七月の末日、それなりに育ったキング・オブ・デンマークのおひたしを口にして、ぼくたちは思わず歓声をあげた。そのアクのなさ。夏の西洋種にしてこうなのだから、やっぱり落ち葉ほうれん草ってすごい。

（『循環だより』一九九七年九月号）

ほおずきの味

真っ赤に熟したほおずきを、今年(九七年)も何個か口にした。口の中に、苦みとともに甘酸っぱい味が広がる。ほおずきを食べるというと、人は少し驚く。ぼくはずっと、ほおずきは食べものだと思っていたのだが、どうやら一般的にはそうではないらしい。

「①ナス科の多年草(中略)。果実はへたの部分に小穴をあけ、種子を除いて空にし、吹き鳴らす。根を鎮咳、利尿薬に使用。②幼児の玩具。口にいれて舌で圧し鳴らす」

『広辞苑』(第四版)にはそう書いてあって、食用にするかどうかにはふれていない。食用になるのであれば、山菜の仲間として取り上げられるはずだ。そう思って何冊かの山菜の本を開いてみたが、ほおずきは載っていない。会う人ごとにそんなことを尋ねているわけではないけれど、そう言えばほおずきを食べるという人に、いまだに出会っていない。

人びとがほおずきの苦い味を知っているのは、食べものとしてではなく、玩具として口にしたことがあるからだ。ぼくの祖母がほおずきを鳴らすのが上手で、季節になると、口の中で繰り返し独特の音を鳴らしていた。低いおならのような音と言えばいいのだろうか。うまくたとえようがないが、素朴な、どこかなつかしい音色だった。

祖母に何度か教えてもらったが、ついにぼくは上手に鳴らすことはできなかった。音を出すのもむずかしいが、ほおずきを空《から》にするのも根気のいる作業で、もう少しのところで破いてしまうのだ。

ほおずきで遊んだ経験のある人も、たぶんぼくらの年代までだろう。そのうち味も忘れ去られていくと思うと、寂しい気がする。

ぼくがほおずきを食べ出したのは、子どものころからだ。小学校の帰り道、無性にお腹がすいたときなど、急な斜面をよじ登って口にした。毎年ほおずきがなる場所は決まっている。くの字に折れ曲がった坂道の途中から見上げると、赤く熟したそれは、よく目立った。いくつもぶら下がっているなかからこれぞというのを選んで、茎からもぎ、袋を破くと、光沢のある球形の果実が顔をのぞかせる。それを衣服の袖などでちょいとふいて、ほおばる。深まりゆく秋のなかで、自分自身で手に入れた誇らしき食料だった。

山や野原にあるものをその場で口にする、それが最高の食べ方なのだと、子どものころから実感してきた。キイチゴ、桑の実、ズミ（コリンゴ）、マタタビ、サルナシ（コクワ）、山ブドウ。山ザルのような少年にとって、秋はうれしい季節だった。

キイチゴや桑の実、サルナシや山ブドウがおいしい果実であるのは周知の事実だが、ほおずき同様、マタタビが生食できるとは、関連する本に書かれていない。ある本には、こう解説されていた。

「果実は熟すと黄色になる。辛い。完熟前の果実を刈り取り、塩漬け、果実酒とする」

だが、黄色というか、オレンジ色に完熟したマタタビの果実は、決して辛くはない。もう三〇年間ほど口にしていないが、特有の香りと苦みとも渋みともいえる微妙な味のなかに、ほのかな甘みも秘められていて、これはこれでなかなか味わいがあると思う。

ついでに、ぼくが子どものころ、道端でよく口にしたものをあげておこう。

早春、雪解けとともに咲き出す青紫色のエゾエンゴグサ。その小さな花のお尻のあたりを吸うと甘い蜜の味がした。

オオイタドリ(スカンコ)。ぼくはスカンポと呼んでいたが、その若い茎の皮をむいて、生でかじる。ほどよい酸味と水分がのどをうるおしてくれる。

山ブドウの若い蔓《つる》。樹木の枝に巻きつこうとして、くるくる伸ばしたひげのような部分の酸っぱさも、忘れられない。

日が暮れかかるまで野山で遊んで、おやつ代わりに木の実をつまんで食べた少年時代。いまから思えば、ずいぶん幸せなときを送ったものだ。

父は畑や庭に果樹をたくさん植えていた。サクランボ、何種類ものブドウ、洋梨、グーズベリー（アメリカスグリ）、プラム、グミなど。それらをうまく換金することにあまり関心を払わなかったので、家の生活は貧しかったけれど、おかげさまで無農薬の果物を腹いっぱい口にできた。

畑に行っては、イチゴやトマト、スイカやマクワウリなどをつまみ食いした。マクワウリは、歯でガリガリ皮をむく。スイカはげんこつで叩いたり、膝で蹴りなどを入れ、割って食べる。そういう山賊のような食べ方が、イタズラ坊主には気に入っていた。これまた思い返せば、ずいぶん豊かな生活ではなかったか。

人は生きている間、いくつの味に出会うのだろう。ほおずきやマタタビと出会い、「おいしい」と感じられたのは、とても幸運なことだった。

（『循環だより』一九九七年一〇月号）

朝露のあるうちに

朝露のあるうちに、菜っ葉ものは収穫したい。夏であれば午前八時ごろまで、春や秋であれば午前一〇時をまわらないうちに。

しおれた野菜を届けられて、喜ぶ人はいない。箱を開ければピョンと飛び起きてきそうな新鮮さを残して、送りたいものだ。ときには、やむを得ずそれができないこともあって、しんなりとした野菜を見ると、つくり手の心が萎《な》えてしまう。だから、夏は五時、春や秋は七時には、畑に着いていたい。それが一応、目標。うちの畑は遠くって車で二〇分。それまでに朝飯をすます。朝食はもっぱら簡単に、パンと紅茶。お米党には叱られるかもしれないが。

昨日の仕事を例にあげよう。ぼくがまず穫ったのは、小かぶ。金町小かぶの改良種を自家採種して播いたものだ。種採りのときに近くにあったアブラナ科の野菜たちと自然に混じり合ったようで、ときにはお目にかかったこともない葉っぱが小かぶのなかに混じっている。形もさまざまだ。美代さんは小松菜から取りかかる。これも自家採種。やはり、なかには、べか菜に似た菜っ葉があちこちにある。わが家の小松菜はいくつかの異名をもつ。適当菜、雑多菜、あるいはいい加減菜、多国籍菜。

ぼくは続いてロケット（ルッコラ、ごま風味のハーブ）、きれいなちりめん状の葉のマスタードグリーン（ピリッと辛みがある洋からし菜）、青首大根、早生《わせ》白菜、キャベツと収穫していく。美代さんはラディッシュ、手なしインゲンと、細かな仕事が続く。

収穫作業に使うのは、包丁とハサミ。菜っ葉ものは包丁にかぎる。傷みやすい双葉や老化した葉のつけ根の、その上に刃を入れるので、調整作業が楽なのだ。鎌は、ときとしてほうれん草穫りに使うぐらいで、ほとんど出番がない。昨日ハサミで収穫したものは、長ナス、米《べい》ナス、黄ピーマン、パセリ。循環農場になってから、ハサミはわが家の重要な道具になった。とくに夏場、果菜類やハーブ類（スイートバジル、パセリ、しその葉、レモングラス）、夏葉物（モロヘイヤ、エンツァイ、つる菜、つるむらさき、オカヒジキ）の収穫には欠かせない。

循環農場を始めるまでは、ハサミを使ったことはなかったのだが（夏の葉物は鎌で収穫していた）、チョキチョキ、チョキチョキ、使い出すとこんな重宝なものはない。ハサミで収穫したからといって、野菜の味が変わるわけではない。でも、わしづかみして鎌で刈り取ると、食べられない固い茎まで収穫してしまう。ハサミなら一枚ずつ可食部分だけを収穫できる。手間がかかるが、仕事がきれいだ。

菜っ葉ものでも何でも、収穫してコンテナに入れたら、すぐトラックに積み、布地と断熱シートで二重に覆っておく。朝露を逃がさないように。そして、軟弱野菜を穫り終えると、トラックごと畑の中心にある柿の木の下に移動する。そこが畑で唯一の涼しい日陰の場所なのだ。

ときはだいたい午前一〇時、秋は何もお茶の用意をしてこなくても、トラックの荷台から手を伸ばし、真っ赤に熟した柿をもいで、ひと休み。渋柿なのだが、柿のへたの部分が虫に喰われることによって、そこから天然の酵母が侵入し、化学変化を起こして渋味が抜けるのだろうか、とろりと甘い。放っておけば、へたの部分から離れてまさに落下しそうな真紅の柿を、一つ二つと手に入れる。少し力を入れるとつぶれそうな実にしゃぶりつくと、穏やかな秋が口の中でとろけていく。

さて、収穫作業はまだ続く。長ネギ、夏人参、里芋、落花生、食用菊、ナスタチウムの花、なんだかんだ数えると、このごろはだいたい二〇種類ぐらいになる。「豊かだねー」と、どちらからともなく自画自賛。どうして、こんなにも豊かなのだろう。

今年(九七年)の五月、循環農場を始めるにあたって、いくつもの課題を自分に与えた。生産現場でダイオキシンを発生させないために、農業用ビニールやポリマルチの使用をやめること。固定種を自家採種して、無農薬の種を畑に播くこと。無農薬の飼料を生産し、自給飼料でニワトリを育てること。イネ科の飼料作物と野菜との輪作を進めること。肥料(とくに窒素)過多を排すこと。いずれも、従来の無農薬・有機農業の考えを、ぼくなりにさらに一歩推し進めるものだった。

そういう目標からして、人びとはもしかしたら、堅く、窮屈で、意固地な印象を受けたかもしれない。「小さな玉ネギ」「細いサツマイモ」など貧弱な野菜しか生産されないのではないかと想像して当然の、時代に逆行する愚かな行為に映ったかもしれない。

でも、ぼくの直感と計画のなかでは、無限の広がりとあふれるほど豊かな世界が、ぼんやり、しかしくっきり見えていた。そして、それは言葉で説明するより、やってみてわかってもらう事柄だ。

段ボール箱からあふれるほどのにぎやかな野菜たちの生産を、いくつもの制約のなかで年間を通じて可能にしていくただひとつの方法は、多品種栽培だった。循環農場の出発にあたって、ぼくは一カ月ほどかけて一枚の表を作成した。それは、無農薬、無マルチ、無トンネル栽培による一年間の出荷計画表である。

一カ月を上旬と下旬との二回に分け、一二カ月二四マスの表には、その回ごとに一二〜一三種類の野菜たちを配置した。ジャガイモや玉ネギ、サツマイモや里芋など、当然ながら何回もだぶって登場する野菜たちもあるから、全体で何種類の名をあげたのか数えてはいないが、その表をひと目見れば、ワイワイガヤガヤお祭りのようだ。

「本当に、こんなにできるんですか」と人に尋ねられると、ぼくは「ペテンですよ」と笑って答えた。

実際の作付けでは、その表にあげた野菜の、おそらく倍以上の種類の種を播いた。たとえばスイカでは、表には黒スイカを出場させておいたが、畑ではイエロードール（果肉の黄色い小玉スイカ）、嘉宝《かほう》スイカ（果肉がオレンジ色の中国のスイカ）、大和三号スイカ（縞模様の大玉スイカ）、黒スイカ（皮が黒色で、果肉は赤）の四種類を栽培した。どれも自家採種できる固定種で、どれが一番病気に強くてつくりやすいか、そしておいしいかを判断するためだ。結果的には出荷用につくった大和三号スイカが病気のために失敗し、会員の方々の口に入らなかったが、イエロードールが好成績を示し、来年の希望の星となった。

トウモロコシ七種、カボチャ六種、ピーマン七種、トマト四種などなど、研究熱心、試行錯誤、ただの物好き、野菜マニア。とにかく、やるっきゃないのである。循環農場の会員となった人びとは、ぼくが作成した一年間の出荷計画表をどう見たのであろうか。おそらくは半信半疑、「小さな玉ネギ」「細いサツマイモ」でも我慢すると、覚悟されたのではないだろうか。

計画を進めるぼく自身、ときとして何度も不安に陥った。一カ月先、二カ月先を考えると、野菜が不足するのではないかとつい心配してしまう。その連続だった。

助けてくれたのは、ほかならぬ野菜たちだ。早春に三度ほどに分けて播いた金港《きんこう》四寸人参は、なんと七月から一〇月まで途切れることなく収穫できた。箱の底には、ジャガイモ、玉ネギ、人参のカレーセットがいつもそろっていた。有機農業を手がけ、二十数年にして初めてのできごとだ。「ハッタリ」の出荷計画表でも、八月下旬と九月上旬に人参は載っていなかったのだから。

そして、ハーブたちの働きが貴重だった。ロケット、レモンバーム、カモミール、ナスタチウム、アップルミント、レモングラス、マスタードグリーン……。それらの香りと色彩は、出荷作業をやさしく包んだ。

「復活野菜」たちも大活躍してくれた。たとえば「復活チンゲンサイ」の場合はこうだ。

七月なかば、春人参のあとに不耕起で自家採種したチンゲンサイを播いた。みごとに発芽し、八月の二〇日過ぎから収穫。ところが、蛾の黒い幼虫が大発生し、あっという間に薄緑の葉は穴だらけになっていく。ちょうどモロヘイヤやエンツァイなど夏野菜が旺盛に育っていたので、収穫を見合わせてそのまま放置しておいた。ところが、一カ月が過ぎて、夏野菜たちが終わりにさしかかり、葉物が不足し始めたころ、にわかにチンゲンサイ畑が活気づいてきたのだ。虫に食べられた葉はすっかり消滅したが、次々と新しい葉が成長し、少し背高ノッポのチンゲンサイが元気な顔をそろえていた。

チンゲンサイが虫に喰われたとき、その畑を整理するのもひとつの方法だった。だが、もしかしたらという気持ちもあって残しておいたことが、うれしい結果となったのだ。そのほか、「復活小松菜」「復活キャベツ」。野菜たちの生命力は、どれほどぼくたちを勇気づけてくれたことか。

そして、ぼくたちのもっとも支えとなっているのは、会員の方々だ。「細いサツマイモ」でもと決心されたその気持ちを思うとき、いつも胸がいっぱいになる。より安全で、よりおいしく、シャキッとしていて美しい。そんな野菜たちで一箱一箱を満たし、送り届けられたら、そんな幸せなことはない。だから、一週間に三日の出荷日は、一二〇家族に贈り物をそろえる楽しい時間だ。その関係は、友人というよりも恋人に近い（と、勝手に片思いしているのだが）ものだと感じている。

どんなに仕事が忙しくても、努めてあわてないで出荷するように心がけている。この時間を穏やかな時間とせずに、循環農場を始めた意味はない。緑の野菜たちの上に、ナスタチウムの花を置く。箱を開けたときの、会員の人びとの歓声が聞こえてくる。

（『循環だより』一九九七年一一月号）

ニワトリが来た

エサがどんどんできてくる

わが家の耕作面積は現在のところ、二ヘクタールだ。そのうち一ヘクタールにニワトリ用の飼料作物をつくり、残り一ヘクタールに一五〇種類ほどの野菜を栽培している。すべて農薬や化学肥料、農業用ビニールを使用しないで、作物を育てている。

飼料作物に取り組むのは今年(九七年)が初めてで、まだまだ試行錯誤の段階だ。自分の畑でできた無農薬のエサだけで約一〇〇羽のニワトリを養う計画で出発した。どんな飼料作物をつくったかというと、小麦、ライ麦、デントコーン(飼料用トウモロコシ)、サツマイモ、粟、黍などだ。そのほか、野菜畑のジャガイモ、サツマイモ、里芋、人参、カボチャなどのはね出し物、キャベツやブロッコリー、サツマイモや人参などの葉、そしてさまざまな野草などが、ニワトリの食糧になる。

つまり、わが家は一二〇名の会員の方々の野菜と、一〇〇羽のニワトリの食糧を生産することを唯一の仕事として、日々暮らしているわけである。

二ヘクタールの畑はすべて借地。住居を含めると、その場所は一市三町にまたがる。目下ニワトリ小屋を建てる場所を探していて、その土地についてはなんとかお金を工面して購入しようと思っている。だが、何せ予算が少ないので、なかなか適当な土地が見つからない。ニワトリを飼うのは、その土地が見つかってからと、ずるずる先延ばしにしてきた。エサの準備も充分ではないので、いままではそれでよかった。

ぼくの周囲には、たくさんのニワトリ屋さんたちがいて、いろいろ相談にのってくれる。その頼もしい先輩たちは、何百羽という単位の平飼いをしている。その一人、「森のたまご」の菅野康夫《かんのやすお》さんからは、「鶏舎が一棟空いているので使っていいよ」と言われていた。

ニワトリの仕事は、当然ながら毎日のことだ。水とエサをやり、卵を集め、野犬やタヌキなどの外敵から守り、猛暑や台風、大雪、暴風などの自然災害に機敏に対応し、ニワトリの健康状態に常に目を配る。そういう仕事と、一市三町にまたがる二ヘクタールの農作業と出荷をどうやりくりしていくかを考えると、鶏舎の場所の問題はとても重要になってくる。

一方、飼料畑からは粗放栽培ながらニワトリのエサができあがってきた。デントコーン畑では、畑の見学に来た会員の方々が穫り入れを手伝ってくれた。カラカラに乾燥したデントコーンを茎からもぎ、ガサガサと皮をむいて裸にする仕事。大小さまざま、みごとに実の詰まったのはまれで、歯が欠けたようなもの、虫に喰われたもの、それぞれのトウモロコシの表情にときたま歓声をあげたりしながら、楽しい収穫作業だった。

飼料用のサツマイモも、ほんのり紫がかった白い肌で地中からごろんごろんと姿を現し、「万次郎カボチャ」「タマユタカ」の未熟果も数えきれないほど穫れた。出荷用のサツマイモも、ビニールマルチを使用しなかったのに一個一キロ以上になるのもある。出荷に向かない大きなやつは、ためらうことなくニワトリ用になる。ジャガイモや里芋のはね出し物は、いままでも捨てたことはない。野菜くずなどと積み上げておいて、土として再利用していたが、ニワトリに食べてもらえばこのうえない。

初夏に収穫した小麦やライ麦、そして秋に収穫したデントコーンや雑穀、くず米などの穀類は、長期間備蓄しておける。でも、サツマイモやカボチャなどの野菜類は、そうはいかない。秋深まって、ニワトリはまだかとできあがってきた飼料たちから、ぼくは尻を叩かれ出した。いよいよニワトリを飼うしかないか。そうしないと、宝の持ち腐れになってしまう。しかし、どこで。

結論は、家に一番近い場所。家から約三〇〇メートルのところにある育苗用のハウスを簡単に改造して、五〇羽ほどのニワトリ、しかも廃鶏を飼ってみるということだった。毎日の作業を思うと、やはり家になるべく近い場所がいい。引き続き鶏舎を建てる土地は探し、できれば冬の農閑期に小屋を建ててしまいたいが、とりあえずハウスを利用することにする。そして、急場しのぎの場所ではヒナからの飼育は無理があると判断した。ニワトリについて勉強するためにも、気軽に廃鶏から飼ってみるのもいいかなあと思ったのだ。

ただいま絶食中

一一月二二日、土曜日。「ニワトリ村」の佐藤国友さんの鶏舎から六〇羽のニワトリをもらってきた。その日から何日経ったのか、ぼくはもう何度も数えている。土、日、月、火、水と。今日で一二日目、ニワトリはただいま若返りをめざして断食中。ぼくもつらいから、つい日にちを数えてしまう。

エサを絶たれると、ニワトリたちは「食糧をよこせ」と迫ってくるものかと心配したが、とても静かだった。「ニワトリって、こんなにおとなしいものなのか」と、ぼくたちは感嘆した。これなら好きになれそうだ(実はぼくにとって、ニワトリは得意な動物でなかった)。

このおとなしさは、ニワトリ村の鶏舎で折りたたみ式の金網の柵で隅に追い込まれ、一羽ずつ悲鳴をあげながらも捕えられ、一〇羽ずつプラスチック製のかごに閉じ込められたときから始まった。かごにすし詰め状態にされてから、まったく押し黙ったままなのだ。

「観念したんだよ」と佐藤さん。

「捕まんなかった者たちが、ホッとしているよ」とぼくが言うと、「でも、助かるのが、このかごに入ったやつらで、捕まんなかったのは肉にされちゃうんだから」と佐藤さん。

幸運なニワトリたちは、車で揺られても終始、声をあげない。急ごしらえのわが鶏舎に到着し、かごのふたを開けても、彼女たちはしばらく身をかがめたままだった。ここが安全な場所なのか、はたしてこのかごから出ていいものなのか、首を振り、目をキョロキョロさせるばかり。それは、人間から見ればとても滑稽な光景だった。環境ががらりと変化し、しかも食べものもなく(最初は地面に敷いてあるモミガラの中から、わずかな食べものを得ていたのだが)、いったいわが身に何が起きたのか。今後どうなるのか、ニワトリたちはとまどいのなかにいた。

絶食一〇日を過ぎると、しだいに動きが鈍くなっていく。日中でもじっど止まり木に止まっていたり、あるいは小屋の隅にかたまりあいながら、首をすくめ、目をうつろにして、ひたすら寒さと空腹に耐えている。

佐藤さんから教わった絶食期間のめどは二週間だ。中島正さんの『自然卵養鶏法』にはこう書かれている。

「絶食中、他の鶏についてゆけない鶏(絶食開始時、体重が軽かったもの)が、ときには死亡することもあり得るが、そのため全体の絶食期間をゆるめてはならない。心を鬼にして断じて行うべきである(体重の軽いものは、自然換羽のものと同様、別飼いをするとよい)」

ただし、中島さんの場合、その期間は一週間から一〇日間ぐらいとなっている。

「佐藤さん、今日でもう一〇日目で、死にそうに見えるのもいるんだけれど。もう、いいんじゃない」

「だめだよ、中途半端にやると効果が表れないよ。最低二週間はやらなくちゃ」

「そうかい……」

菅野さんにも聞いてみる。

「絶食をやめる目安は何かあるの」

「そうだね。一～二羽死ぬまでやっていいんじゃない」

「わかった……」

実践家たちの言葉には、うなずくしかない。初心者としては、ただ勉強あるのみ。

このニワトリを絶食させて体質を若返らせるという方法、専門用語で「強制換羽」と呼ばれる技術について、確信がほしかった。

ニワトリは、病気にならなければ一〇年でも生きるという。しかし、もっとも卵をよく産む期間は産卵を始めて一年間ぐらいで、それを過ぎるとしだいに下降線をたどる。卵質も大きすぎて、カラが薄く、中身も水っぽいものになってくる。いま養鶏家（企業）は、一年か一年半でニワトリを順番に更新する。同じニワトリで二年間ぐらい採算に合うように卵を産ませたい場合、この強制換羽を行う。産卵を開始して一年目にこの方法をとると、四〇～五〇日間休産するが、回復後はまるで若鶏のように、カラも堅く、中身も充実した卵を、もう一年ぐらい産むという。

ぼくがこの方法を採用した理由は、ひとつには強制換羽を経験したかったからだ。そしてもうひとつは、ニワトリたちがいままで食べていた輸入穀物を絶食という方法で絶って、わが家の飼料だけで新たな出発をしたいという気分的なことがあった。迷惑なのはほかでもない、その実験台となった六〇羽のニワトリたちだ。

ただし、絶食するとどうして若返るのか、その核心にふれていない。まだはっきりと理解したわけではないが、たぶん次のようなことだろう。

ニワトリは品種改良を重ねられ、さらに濃厚飼料を与えられて、一年間に二八〇個近い卵を産まされる。それはとっても疲れることだ。絶食期間、回復期間としての四〇～五〇日間は、とてもつらいけれど、いわば卵を産まなくてよい休養期間になる。だから、羽も生え換わり、身も引き締まる。

この話をすると、「私もやってみようかしら」と言わない女性はいない。どうぞ、どうぞ。でも、不用意にやってはいけませんよ。

ラジオで聞きかじったところによると、地元の成田山新勝寺《なりたさんしんしょうじ》に断食道場があるらしい。断食する場合、まず自宅で三日間ほどかけて、徐々に食事の量を減らしていく予備断食を行う。その後で道場入りし、三日間断食した場合は三日間かけて、一週間の断食では一週間かけて、元の食事に戻すという。いずれにしても素人判断は禁物で、専門家の指導が必要だろう。

ニワトリさんたちが食事を断ったのは結局、二週間だった。ワンパックの鶏舎に樋ケ守《ひのけもり》男《お》さんがいたので、「今日で一四日目だけども、どうだろうか」と聞いたところ、うれしい返事が返ってきた。

「二週間か、もう限界だよ」

ぼくは「やった」と内心、叫んでいた。これでエサをあげられる。だが、突然に普通食に戻すことはできない。まずは一羽あたり一日二〇グラムの米ぬかから出発し、二週間ほどかけて、だんだんに回復させていく手順だ。

一変したニワトリたち

絶食明けの前日、エサ箱をつくって鶏舎に並べてみたら、あのおとなしかったニワトリたちの表情に明らかな変化が現れた。「こりゃ、飯がもらえる」と感じたらしい。なんといじましいことに、エサ箱の隅に残っていたノコギリくずを、目の色を変えて突っついている。そして、ちらりとぼくのほうをにらむのだ。

わが鶏舎に来て初めての食事の日の光景は、すさまじいものだった。小さなバケツに三分の一ぐらい入った米ぬかを、われ先と突っつき合うさまは、バーゲン会場に殺到する女性たちのはるか上を行っていた。

島流しにさせられて水しか与えられず、なんとか励まし合って生きていくしかないという運命共同体から、わずかな食糧を奪い合う競争社会へ、いまや状況は一変した。そして、その日から、彼女たちのぼくを見つめる目線は怖いぐらい熱いものとなった。アイドルを待ちかまえる熱烈なファンと言おうか、ぼくの姿を見るとドアのところに殺到する。下手にドアを開けようものなら、押し倒されそうな勢いなのだ。無理もない。無理もない。二週間も食を断たれ、ひたすら生きようと耐えてきたのだから。

いったい、水だけでニワトリは何日生きるのだろう。後から調べてみると、絶食・給水の平均生存日数は三七日間という。ニワトリは暑さより寒さに強いので、冬期間は五〇日近く生存するそうだ。でも、その日数は、かろうじて生きているという限界点を表しており、そこから回復してふたたび卵を産むという目安ではない。強制換羽は二週間ぐらいが限度ではなかろうか。そのくらいなら、なんとか「鬼」にならずとも、つきあえると思う。

広がる循環の構想

卵を産み出して一年半たった廃鶏をタダでもらってきて、もう八〇日間ほど経った。ニワトリ村で一度強制換羽を経験しているので、二度も辛酸をなめさせられた、いわば老鶏である。しかし、専門家に見てもらっても、評判は上々なのだ。「よくそろっているよ」とか「若く見えるね」とか。

目下のところの課題は、動物性のタンパクをどう確保するのかだ。日本の採卵鶏のほとんどは、飼料の一割ぐらいの魚粉を食べている。それは、ゲージ飼い・平飼いともに共通だ。高タンパクの供与が、高産卵に欠かせないものとなっている。

聞くところによると、菜食主義の人がそのような卵を食べると、「魚臭い」と感じるそうである。わが家の卵と、魚粉を与えた平飼い卵とを真顔になって食べ比べてみたが、ぼくにはほとんどわからなかったが……。

わが家では無農薬の自給飼料しか与えていないので、タンパク価は通常のニワトリの一〇分の一ぐらいではないだろうか。したがって、産卵率はとても低い。

どうすればよいか。豆類など植物性のタンパク源を生産し、みみずなど動物性のタンパク源の養殖、さらには休耕田にため池をつくり、フナやコイ、ドジョウやアメリカザリガニたちを殖やせばいいのではなかろうか、などと考える。ひとつの壁にぶち当たるたびに、循環の構想はますます広がっていって、ついつい愉快になっていく。

一六九六年に書かれた黒田藩士・宮崎安貞の『農業全書（巻十）』生類養法・薬種之類の鶏の項（守田志郎ほか編『日本農書全集』一三、農山漁村文化協会、一九七八年）には、粟、黍、稗の粥を散布し、草で覆うと虫が涌くので、それを餌とするとよいと書かれてあるそうで（農山漁村文化協会編『畜産全書　採卵鶏・ブロイラー』一九八三年）、どんな虫が現れるのやら、むかしの知恵に学ぶのもいい。

いまのところ、一日平均一〇個の卵が産まれる。上り調子なので、春に向かって、だんだん増えていくと思われる。オレンジ色のプリンとした黄身で、ぼくにとっては申し分のない卵だ。もはや廃鶏などではない。

大切なわが同志よ、ゆっくりと行こう。

（『循環だより』一九九七年一二月号〜九八年三月号）

みみずコール

ニワトリたちとつきあい出して四カ月が過ぎた。このごろ少しニワトリ語がわかるようになってきた。

平飼いとはいっても、六〇羽に与えられている面積は、畳一二枚分。決して広い空間ではない。当然ながら、飼い主に対してさまざまな要求をぶつけてくる。彼女たちを原っぱで放し飼いにすれば、ぼくなんぞ見向きもせずに、日がな一日、好きな草や虫をついばんで暮らすことだろう。でも、そのような方法で飼うためには、広大な面積がいる。一〇アールで一〇羽というのが一応の目安だ。

彼女たちの要求の主たるものは、食糧に関することだ。絶食明けは口に入るものなら何でもよかったのに、近ごろはとても注文が多い。

冬の夜は台所で石油ストーブをつけている。里芋やジャガイモ、サツマイモのくずを火にかけておけば、寝る前には煮えるので、それを与えていた。たまに都合が悪くて火にかけられず、生のサツマイモをあげると、知らんぷりをされる。カボチャなどもきれいに食べてくれない。野草をあげても、反応はいまいちだ。

「もっと、おいしいものを頂戴！」と声を強め、騒々しく鳴くのだ。

「おいしいものって何よ」とぼくが聞く。

「鈍いわね。アレよ！」

「アレよ！」「アレよ！」の大合唱。

ニワトリたちの求めているものは何だろう。何をあげてもつれないあの態度、ぼくは数日、考えた。

「わかった！　みみずだろう！」

「そうよ、みみずよ！」

「みみずを頂戴！」

「みみず！」「みみず！」

いままで、みみずはたまたま気が向いたときにあげていた。まあ一週間に一〜二度、ほんの少しではあるが。みみずがもっとも多くいたのは、野菜のくずやハコベなどの雑草を積み重ねていた場所だった。農地や森林では、みみずは冬の間活動を休んでいるので見つけにくいが、野菜くずの積んである場所は発酵熱があるせいか、活発に動き回っていた。それを一匹一匹つまみあげてバケツに入れ、鶏舎の中に放り投げてやった。

最初にみみずをあげた日、ニワトリたちの反応は怪訝《けげん》そうだった。「何だろう、コイツは?」という受けとめ方だ。日常的にみみずを食べる習慣がなかったから当然である。好奇心旺盛な者がついばみ出したものの、まったく関心を示さなかった者たちが大半だった。

彼女たちがこの世に生を受けてからずっと、動物性のタンパク源として与えられていたのは魚粉だった。鶏舎の中でみみずと出くわすことなど、たぶんなかっただろう。

循環農場の当初の考えでは、農場内で生産できない最低不可欠なものは、購入する予定でいた。ニワトリの飼料としては魚粉がそれにあたる。しかし、いまや人間の生み出したさまざまな化学物質による環境汚染は、最終的に海に集中している。たとえば、ダイオキシンをもっとも多く含んでいる食べものは魚だと言われている。

魚粉の購入を思い直したのは、そのことによる。自分自身の食生活は、なかなか魚と縁が切れないが、ニワトリにはあげないでおこうと思ったのだ。

そこで、みみず様の登場となる。みみずは乾物の状態で、魚粉と同等の可消化粗タンパク(DCP)を六〇%も含む。タンパク源に飢えていたニワトリたちが、何よりもそれを感じ取っていた。わが家にやってきたニワトリたちにとって、みみずとの出会いは、とっさに彼女たちの遺伝子を呼び覚まし、熱烈なみみず愛好者に変えていった。その変化に気づかなかったのは、みみずを与えた当の本人である。

　みみずの必要性を感じ取り、増産計画を進めてはいたが、これほどまでに彼女たちが求めているとは驚きであった。そう知ると、彼女たちの欲求がぼくに乗り移り、ぼくまでも無性にみみずをほしくなるときがあるから、ちと、やばい。

　リサイクル品のホーロー引きの風呂桶の中に、みみずの棲んでいる土を入れ、野菜くずや腐植したワラなども入れて、あわよくばみみずを増産しようと企てたのは、このみみずコールを聞く二カ月ほど前だった。そのときに仕込んだのは、風呂桶四つ。ときおり中をのぞいて見ると、確実にみみずは増えている。

　これまで土になってから再利用していた野菜くずや雑草に、みみずを意識的に介在させることによって、循環はもうひとまわり可能性をふくらませる。みみずはニワトリのタンパク源に、みみずの糞は田や畑に、と。野菜くずや雑草を捨てるなど非常識だという世界ができあがる。

　ニワトリたちを目の前にして、ぼくもいっしょに声をあげる。

「みみず！　みみず！」


（『循環だより』一九九八年四月号）

山椒のつくだ煮

山芋、山百合、ナズナ、ヤブカンゾウ、春蘭《しゅんらん》、アサツキ、つくし、セリ、ノビル、三つ葉、山椒、タンポポ、カラスノエンドウ、たらの芽、竹の子、野ブキ、ウド、ニセアカシア、葛《くず》。この冬から春にかけて味わった野草や山菜たちの名前をあげてみた。数えてみると、一九種類もある。

次にその料理編。山芋のトロロ、山芋の磯辺揚げ、山百合の天ぷら、ナズナの味噌汁、ヤブカンゾウの酢の物、春蘭の花の吸い物、アサツキのぬた、つくしのつくだ煮、セリのおひたし、ノビルの酢味噌和え、三つ葉の卵とじ、山椒のつくだ煮、タンポポのサラダ、カラスノエンドウのおひたし、たらの芽の天ぷら、竹の子の天ぷら、竹の子の若竹煮、きゃらブキ、ウドの酢味噌和え、ウドのキンピラ、ウドの天ぷら、ニセアカシアの花の天ぷら、葛の若芽の天ぷら。

読んでいる途中で唾液が出てきて、おなかがグーと鳴る方がいらっしゃるのではないだろうか。そうそう、フキノトウを忘れていた。フキノトウの天ぷらは、たまらない。刻んで油でさっと炒め、味噌をからめるのも、絶品だ。

何でしょうか。血が騒ぐとでも申しましょうか。何千年も前の採集・狩猟生活に明け暮れていた先祖の血が、まだぼくのなかに濃く残っていて、いてもたってもいられなくなるのよ。ただ、ぼくの祖先はどうも狩りが不得意だったようで、「非暴力」なんてつぶやきながら、もっぱら野山で山菜を採取する変わり者だったようだが。

山菜の旬の期間は短い。あれよ、あれよという間に、伸びすぎたり、固くなったりしてしまう。その季節になったら気に留めていて、ちょこちょこ様子をうかがうしかない。だが、春は百姓にとって忙しい季節、ついうっかりということがある。

「もしかしたら、少し遅れてしまったかな」

森の中へ入るときは、ちょっぴり心配だ。四月のなかば、クモたちも動き出して、枝と枝との間に細い糸をめぐらしている。関心事は少し先の山椒の木なので、顔などでクモの糸を切ってから、その存在に気づかされる。気持ちは、けっこうあせっている。

今年(九八年)は適期を少し逃したかという程度。新芽の先端にまだ柔らかい部分が残っていて、なんとかすべりこみセーフというところ。刺《とげ》のある枝を左手で押さえ、右手の親指と人指し指の爪の部分で摘《つ》んでいく。

ひと安心したところで周囲を見渡すと、森の中は新緑一色で、自分自身がすっぽり新鮮な生気に包まれているのを感じる。木立の合間からときおりウグイスの鳴き声が流れてきて、森の生きものたちの懐に染み入っていく。

小一時間ほど経ったろうか。ズボンのバンドにくくりつけたビニール袋が膨らんできた（あまり見られた格好ではない）。花から花へ蝶々が飛ぶように、森の中の何十本もの山椒の木を、いいとこだけ採りして渡り歩いた成果だ。右手の指の先は、アクで黒ずんでいる。指先を鼻でかぐと、ツーンと山椒の香りがする。満足、満足。

持ち帰った山椒の葉は水洗いして、その日のうちに鍋にかける。調味料は酒と醤油だけ。火にかける前に、鍋に入れておく。最初は強火でいい。その代わり、よく菜箸《さいばし》で混ぜ合わせる。そのうち葉がしんなりとしてきたら、弱火でコトコト煮る。その夜は部屋中が山椒の香りで満たされる。ときどき味見したために、舌は完全にシビレていて、夕飯のおかずの味がわからない。それでも幸せ、幸せ。

こういう山菜好きな生産者の性格もあって、循環農場から送り届けられる箱の中には、ときおり季節の贈り物が顔をのぞかせる。アサツキ、ノビル、三つ葉、竹の子、ウド、フキ。それらはすでに定番の品目となっている。

おもに一年草の作物を次から次へと栽培するぼくにとって、山菜の魅力は個性的な味や香りとともに、ほとんど手をかけずに収穫できるところにある。しかも、丈夫で、気候に左右されず、必ず姿を現してくれる。野菜の端境期になくてはならない貴重な存在なのだ。

使える土地がたくさんあれば、多年草の植物を増やしていく。なかば放任栽培で（草刈りぐらい、やらねばなるまいが）、自然の循環のなかで、そこそこのものが穫れる。それを一礼していただく。なかなかのんきな話ではないか。ただいまヤブカンゾウ、たらの芽、コンフリーを試作中。何年か経って、循環農場から届いた箱を開けると、野草や山菜だけなんて恐ろしい事態が発生したりして。

ま、それは冗談ですが、農耕生活のなかに採集生活を適度に組み合わせていきたいものだ。山菜採りに出かける意識の底では、ふだんのめまぐるしい農耕生活のストレスの解消を、野山に求めているのかもしれない。

循環農場にストレスなんかないだろうと思われますか？　しっかりとあるんですね、それが。ストレスと呼ぶよりは、プレッシャーと言うほうがいいのかもしれないが……。

この「みみず物語」もプレッシャーのうちのひとつ。書き終えたら、山椒のつくだ煮で一杯といこう。

（『循環だより』一九九八年五月号）

サツマイモの冒険

サツマイモの貯蔵穴を開けるときは、いつも不安がよぎる。プロの農家の間でも、「腐らせてしまった」という話をよく耳にする。その年の気候、イモの体調の良し悪し、保存の仕方など、さまざまな事柄がうまくいって初めて、元気なイモたちが顔をのぞかせてくれる。

貯蔵穴の場所は排水のよいところにする。幅六〇センチ、深さ一～二メートル、長さは保存するイモの量による。昨年（九七年）は八メートルほどの長さを久しぶりに手作業で掘った。大型の穴掘り機械でやってもらえばほんの数分で完了するのだが、仕事を依頼するにはあまりにも短すぎるのだ。

八メートルの長さを手で掘ると、とても一日では終わらない。やってやれないこともないのだが、そうすると翌日からベッド生活を送ることになってしまう。まあ言ってみれば、穴掘りは若い人の仕事なのだ。ぼくも二日目は、若くて体のがっしりした知人に救援活動をお願いした。

サツマイモは、強い霜にあたらないうちに掘り取らなければならない。掘り上げたときイモの状態に問題がなくても、保存中に霜に傷めつけられたイモのつけ根の蔓《つる》のほうから、じわりと傷みがイモのほうに移っていくからだ。したがって、天気予報に気をつけてイモ掘り日を決めることになる。その日が晴天であることも大事だ。掘り取ったらすぐ穴に入れないで、二～三時間でも風やお日さまにあてるようにする。

イモを穴にしまいこむときは、一人が穴の中に入り、目の高さ、つまり地上に置いてあるイモの入った箱を持ち下ろし、ガラリと穴の中に開けていく。地上では、穴の中にいる人の仕事が順調にいくようにイモの入った箱を並べ、空になった箱を片付ける。イモは奥から順番に八〇センチほどずつ積み重ね、人間が後ずさりしながら納めていく。同時に、イモの上に稲ワラを順番に敷き並べる。つまり、穴の深さの三分の二ほどがイモで埋まり、その上にワラが並んでいる状態になる。最後に穴の天井に雨よけをして、一応終了である。

それから一カ月ぐらいは、そのままの状態で放置しておく。その時期に過保護にしてしまうと、イモは蒸《む》れてしまう。積み重ねられたイモたちは、そのことによって熱を発散していて、ちっとも寒くはないのだ。

水たまりに薄氷が張るように寒気が強まってきたら、天井のふたを開け、ワラの上に稲のモミガラを三〇センチほど敷きつめ、本格的な冬に備える。モミガラというのは、保温性と通気性にとてもすぐれた素材だ。わが家の田んぼから生産されるモミガラは、イモたちの冬眠を快適にするために欠かせない。あとは穴の天井に雨よけの覆いをして、新しい年を迎えることとなる。

さて、ダイオキシンを農業の生産現場から発生させないために、ポリマルチや農業用ビニールの使用をやめたわが農場。当然ながら、穴の中に眠っているのもポリマルチなしで育ったサツマイモたちだ。

無謀に見えたマルチなしのイモ栽培も二年目を迎え、ゴロンゴロンと驚くほど立派なイモが穫れ出して、展望が開けてきた。そして、サツマイモたちにのしかかる次なる試練は、この貯蔵穴の雨よけをいかなる方法でやってもらえるかである。

通常は、穴に沿って山型になった支柱を六〇センチ間隔に挿し、その上にビニールを張って覆いをする。ぼくがあれこれ考えてとった対策は、次のようなものだった。

まず、穴の上に八〇センチほどに切った竹を適当な間隔に並べていく。そして、その上に、トタン板を二枚ずつ並べて順番に重ねる。さらに、雨が入らないように周囲にぐるりと土を盛り、トタンが飛ばされないように、トタンの上にもところどころ土を盛る。

この方法は、まだビニール製品が使われていなかったころ(二五年ぐらい前か)に、目にしたことがある。だが、自分でやるのは初めてのこと、心配はあった。

年が明けて、いよいよ出荷のとき。穴に入り込み、入り口をふさいであった土やワラをよけ、中をのぞきこむと、イモたちが「やあ!」と言って顔を出す。うまくいったのだ。

しかし、人生そう甘くはない。出荷のたびに穴を開け、先に掘り進んでいくにしたがって、ショックな場面をのぞくことになる。モミガラも濡れ、ワラはぐしょぐしょ、イモはすっかり腐って異臭がする。トタンの合わせ目が少なすぎたのか、大雨のときに水が逆流して、イモ穴に流れ込んだからだ。トタンの合わせ目の箇所に来ると必ずそういう状態で、被害は全体の四分の一にのぼった。

どんな仕事でもそうだろうが、楽しいことばかりではない。自ら招いた失敗に愕然とさせられることもある。でも、めげてはいられない。原因がはっきりしているのだから、次に気をつければいい。ビニールに頼らないサツマイモの冒険はまだまだ続く。

（『循環だより』一九九八年七月号）

なつ子

なつ子とは、一羽のニワトリにつけた名前だ。とても人なつこいから、「なつ子」と呼ぶようになった。ニワトリに名前をつけるなんて、考えてもいなかったことだ。

ストレス

卵を産まなくなったら、鶏肉としてその命をいただく。ニワトリは家畜として存在している。経済動物としてのニワトリに与えられている命の時間は短い。ヒヨコとして生まれてから、卵を産むようになるまで約六カ月、卵を産み出してから淘汰されるまで長くて二年。おびただしい数のニワトリが人工孵化され、そして処分されていく。

ニワトリを飼うということは、卵や鶏肉を食べる一消費者から、ニワトリの生死について決断を下す役割へ身を移すということで、それなりの覚悟がいる。平飼いしている先輩は言う。

「ニワトリを個としては見ないようにしている。それぞれの部屋ごとに、一群として見る。この群れは産卵率がいいとか悪いとか。一羽として見たら養鶏業が成り立たなくなる」

ニワトリを飼い出してまもなく一年。ぼくもそういう目でニワトリを見ていた。それに五〇羽いるだけで、だれがだれなのか、みんな同じに見えて識別などできなかった。

当初は六〇羽いたが、一年の間に五〇羽を割った。群れのなかの生存競争に負けて息絶えるニワトリがときどき、鶏舎の床で無惨な姿をさらしている。そんなニワトリの死と向き合うのはつらい。しかも、それは自然死ではない。仲間うちから尻を突つかれて、死んでいくのだ。それも自然淘汰ととらえれば何も悩むことはないのだが、その死にぼくも直接かかわっていると感じざるを得ないから、余計につらい。

平飼い養鶏の羽数と面積の関係の一応の目安は、一坪あたり一〇羽といわれている。一〇坪に一〇〇羽というのが標準的な飼い方だ。一羽一羽、ほとんど身動きできない状態で、ひたすら卵を産まされるゲージ飼いに比較すると、平飼いはニワトリにのびやかな空間を与えているといえる。

しかし、集団飼いであることによって、強弱の関係が常につきまとう。権勢をふるうものもいるが、いつもおびえて暮らしているものもいる。そして、強者に弱者が襲われるとき、鶏舎という仕切りは逃れようのない閉じられた空間となる。

平飼いといっても、鶏舎の中はストレスのるつぼだ。格別の自由が与えられているわけでもない。そのストレスが頂点に達するとき、尻突つきが起こる。わが鶏舎でいえば、ぼくがみみずやりを何日か怠ったとき、エサを与える時間や食材に大幅な変更があったときなどだ。もしかしたら今日は、という予感が当たる。

あらかじめ弱ったニワトリを未然に集団から切り離しておけば、悲惨な目に遭わせなくてもすむ。ある日そう思って、二羽のニワトリを鶏舎の外に出した。

解放空間

わが鶏舎は、ビニールハウスの一角を金網で仕切った粗末なものだ。ビニールハウスの天井は日光をさえぎるシートで覆ってあり、鶏舎から出されても雨露はしのげる。野良犬やタヌキに襲われる危険もあるが、とりあえず鶏舎からの緊急避難を優先させたのだ。

二羽とも目に障害があって、片方の目を閉じていた。ぼくの観察では、ニワトリ同士いくら争い合っても、互いの目を狙うことはないようだから、原因は病気か事故かのどちらかだ。いずれにしても、目の障害は集団からの脱落を余儀なくされる。

二羽のニワトリは、鶏舎で少し高いところにあって、一番安全な産卵箱の中に何日間も、終日ひきこもったままの状態だった。尻を突つかれて息絶えた仲間の死に加担していたのかもしれない。その恐怖は身にしみていたから、たとえ飢え死にしようとも下へは降りないでおこう、そう決めているようだった。

二羽はかなり衰弱していて、一羽はもしかしたら死ぬかもしれないと思わせるほどだった。だが、数日経つと、金網ごしに鶏舎からはみ出ている鶏糞などをついばむようになる。鶏糞にはまだ未消化の穀物などが混じっていて、それを突いて食べているのだ。

二羽のニワトリに活力が蘇ってきたときに、また頭を持ち上げてきた心配事は、野良犬などに襲われることだった。けっこう元気になってきたから、集団の生活に復帰できるかもしれない。鶏舎から出して四〜五日目に、ぼくは二羽をふたたび鶏舎の中に戻した。

翌日の朝、様子を見るために鶏舎のドアを開けると、ドアに一番近い止まり木の上で、悲鳴をあげているニワトリがいた。その悲鳴は、ぼくに向かって「助けて」と言っているようだった。昨日、鶏舎の中に戻したうちの一羽だ。そのニワトリと視線が合った。ぼくが手をさしのべると、ニワトリは腕の中に身をゆだねてきた。その瞬間から、群れとして見てきたニワトリとぼくとの関係は徐々に変化していく。一羽一羽に意思があり、その意思と通じ合えるということを知らされたからだ。

ふたたび鶏舎から出された二羽は、驚くほどの勢いで活力を取り戻していった。ある朝、鶏舎のドアを開けようとしたら、ドアが開かない。下を見ると、ドアの前に鶏糞が山になっている。犯人はあの二羽だ。鶏舎からはみ出ている鶏糞を、せっせと二本の足で引っかき上げ、腹の足しになるものを探した結果だった。ぼくは苦笑した。

もう仲間たちから脅かされる心配もない。精神的な解放は元気を取り戻す源だった。さらに、いままでの日常とはかけ離れた新しい生活が、しだいに彼女たちを見違えるほどの姿に変えていく。

彼女たちにとって、鶏糞を引っかき回すのは、日常生活のひとコマにすぎない。しかし、その次に彼女たちがしたのは、新しい生活の出発点となる画期的なことだった。ニワトリが蹴散らしたのは、放置され、なかば朽ちかけている稲ワラだった。そして一瞬、目を凝らして見つけたものは、その稲ワラの下にいた一匹のみみずだ。

もちろん、それまでもみみずは毎日のように食べていたが、それはぼくが与えたものを、仲間と奪い合って口にしたのだった。でも、今度のこの一匹は、自分で見つけたみみずだ。人間から与えられたものを食べるだけではなく、自分で探し、見つけたものがのどを通る。「なんという快感だろう」と思ったかどうかは知らない。そのときはまだ無我夢中で、何の感慨もなかったかもしれない。しかし、二匹、三匹と食べていくうちに、体中に電流が走り、封印されていた本能が稲妻のように光った。

新しい生活、それは狩りの生活だった。草むらにいるコオロギやバッタ、カマキリやクモ、落ち葉や枯れ草の陰にひそむムカデやゲジゲジ、みみずやダンゴムシ。動くものをすばやく追いかけ、くちばしで捕まえる。大きな獲物は何度か突つき、弱ってから飲み込む。なんと毎日が新鮮なのだろう。片方の目が見えなくなり、一時はもう死を覚悟したのに、こんな新しい生活が待っていたなんて信じられない。二羽の表情は、とても生き生きとしていった。

だが、ぼくの頭を悩ますことが何もなかったわけではない。二羽の間でも強弱の関係ができあがり、エサどきに一方がもう一方を追い払ってしまうのだ。たった二羽しかいないのに、どうして仲よくできないのか。

ぼくは二羽の中間にしゃがみこんで、あっちとこっちと少し離れた位置に米粒を置いてやった。強いほうは、まだ自分のほうに米があるのに、ぼくの脇を通り過ぎて、弱いほうの米を食べようとする。ぼくはついカッとなって、強いほうの頭をボカンとやってしまった。しかし、ぼくの行為は、ぼくとそのニワトリとの関係を悪いものにした。つまり、ぼくの動作に過敏に反応するようになったのだ。

逆に弱いほうのニワトリは、ぼくに依存するようになってきた。ちょっといじめられると、すぐすり寄ってきて、やけに人なつこいのである。その弱いほうが、あの日、ぼくの腕の中に飛び込んできたニワトリだった。

ぼくは一発のゲンコツを反省した。弱いほうがぼくに依存しないように、そして強いほうとの関係を修復するように、二羽の間に割って入ることをやめた。二羽の関係は、二羽に任せられているのだ。金網の中と違って、逃げようとすればどこまでも逃げられる。何も米粒にこだわらなくても、食べるものはたくさんある。実際に弱いほうのニワトリのほうが冒険心が旺盛で、遠くの野原まで足を伸ばしていた。

ぼくは鶏舎に行くたびに、みみずの棲み処を二羽に教えた。あちこちに雑草を積んであるので、その表面をほじくってみせた。小さなしまみみずもいるし、太い太みみずもいる。少し黒ずんで金属のバネのように張りのある、名前も知らないみみずもいる。彼女たちは太いやつから腹に収めていく。そばで見ていると、ゴクンとのど元を通り越す音が聞こえるようだ。そのとき、目をパチクリさせる。

彼女たちには学習能力があって、一度教えた場所には何度も通って、一所懸命に土をほじくっている。そして、ぼくの顔を見つけると、弱いほうのニワトリを先頭にして、駆け寄ってくる。せがまれると、ついぼくも、また新しい場所を教えてしまう。

地下足袋のつま先でみみずのいそうな場所をほじくると、出てきたのはカブトムシの幼虫だった。ゴロンと顔を出した白い巨体に、一瞬ひるんだ様子を見せたが、果敢に攻撃。こんなでかいのが口に入るのかい、という心配をよそに、丸飲みしてしまう。食べたのは弱いほうのニワトリだった。強いほうのニワトリが、あっけにとられたように見ている。

弱いほうも、狩りの生活のなかで、しだいにたくましくなってきていた。

いつのまにかつけた名前

もう強いも弱いもない。そう思えたころ、そう、二羽のニワトリを外に出してから一週間が過ぎたころ、記念すべきできごとが起きた。あの弱かったほうのニワトリが、それはそれは輝くほど立派な一個の卵を産んだのだ。

わが家にきたニワトリたちが初めて産んだ卵を手にしたときと、また違う喜びが、掌にある卵から体中に広がっていった。初めてのときには待ちに待ってのこと、今度は意表をつく出現だ。形もよく、つやもあって、しっかりした卵が、翌日もその翌日も同じ場所に産み落とされた。

もう一羽のニワトリにも変化が現れた。垂れていた尾っぽが、しだいにピンと立つようになり、トサカにも赤みが増していく。それらは、卵を産むニワトリの特徴的な姿だった。そして、ある朝、卵が仲よく二個並んでいた。翌日も二個、その翌日も二個。それは神技《かみわざ》のように思えたものだ。

廃鶏をもらい受け、ニワトリとつきあい出して一〇カ月。一切購入物は与えず、すべて自家製の無農薬飼料で育てた結果はといえば、成果があったような、ないような段階だった。気が重いけど、そろそろこのニワトリたちを処分するしかないかなと思い始めていただけに、野に放たれた二羽の復活への道のりは、新たな可能性を鮮やかに映してくれた。

金網の中で生活する五〇羽弱のニワトリたちは、ぼくの与えるものは何でも食べた。好き嫌いはあっても、ひもじさには耐えられないからだ。放し飼いにされた二羽はといえば、少量の米粒しか食べない。いっしょにトウモロコシや小麦、ライ麦などを与えても、見向きもしない。サツマイモもカボチャも人参も食べない。キャベツや小松菜の葉も食べない。

米粒だけでは卵の黄身の色が薄いのではないかと心配したが、割って見ると、きれいな黄色をしている。あの死にそうだった体を蘇らせ、毎日毎日卵を生産するエネルギー源は野草、みみず、虫たち、そしてのびのびとした生活にあったのだ。

たまたま偶然に、目に障害のあるニワトリがいて、その緊急避難のために金網の外に出したことが、ニワトリとぼくとの新しい世界を開くきっかけになった。ぼくがきちんとした鶏舎を建て、落ちこぼれたニワトリたちのためにも避難小屋を用意していたとしたら、こんなニワトリたちの魅力的な生活にふれることがなかっただろう。八方破れ、無手勝流のニワトリ飼いが、結果としてニワトリとぼくたちに楽園の入り口を教えてくれた。

二羽のニワトリを救い出したつもりが、すっかりこちらが救われたのだ。ニワトリに名前をつけると、殺せなくなってしまうなどというケチな思いがどこかにふき飛んで、ぼくはいつのまにか一羽に名前をつけていた。

あの日、鶏舎で「助けて」と叫んだニワトリ。外に出したらもう一羽に負けて、ぼくに助けを求めたニワトリ。でも、見る見るうちにたくましくなって、卵を産み出したニワトリ。とても人なつこいそのニワトリを、ぼくは「なつ子」と呼ぶようになった。でも、それはまだ、ぼくの心のなかにしまっておいた。

ところが、ある日ひとつの事件が起きた。夕方、畑仕事から戻って、鶏舎をのぞいてみると、なつ子がどこにも見当たらない。「コッコー、コッコー」と呼びながらあちこち探し回っても、まったく姿を現さない。もしかして野良犬にでもやられてしまったのだろうか。もう暗くなりかけて、時間的にはいつものねぐらに戻っているころなのに、どうしたのだろう。いつもの場所になつ子がいないと、無性にさみしくなってくる。

「あの人なつこい、なつ子がいない」

そのとき、いっしょにいた美代さんの前で、ぼくは初めて「なつ子」という名前を口にした。

「犬にでもやられてしまったのだろうか。なつ子がいない」

二人で探したといっても、探す場所がそんなに広いわけではない。あきらめて、帰ろうとしたとき、思いもかけぬ方向から、かぼそい声がした。脱穀を終えた稲ワラを、そのうち束ねて片付けようと、一時的にバラバラの状態で積み上げておいた場所だ。雨に濡れないように、稲ワラの山にはシートで覆いをしてあった。そのシートの中から、声が聞こえた気がした。

急いでシートをまくり上げていくと、稲ワラの山のてっぺんあたりで、ワラに囲まれてうずくまっているなつ子がいた。おそらくはコオロギなどを追いかけてシートの下にもぐりこみ、ついつい自力で戻れないところまで行ってしまったのだ。

「よかったね。もう帰ろうと思っていたのに、しょうがないやつだ」

少し照れくさそうな、なつ子を抱き上げた。そのとき、ぼくの手がなつ子の足に触れた。人の体温と同じくらいの温もりが、ぼくの指に伝わってきた。

リーグ戦

なつ子といっしょに放し飼いになったニワトリは「ピヨピヨ」と名づけた。声帯に何か問題があるらしく、ヒヨコのような鳴き声を発するからだ。三番目に外に出たニワトリは、ときどき産卵箱に入っているが、どうも卵を産んだ様子がない。それでも、よく産卵箱にうずくまって、ときにはうなり声をあげている。卵を産みたいという願いがかなうように、「かな子」という名をつけた。四番目から六番目までは名前がなくて、七番目が「セブン」、八番目が「エイト」、そしてつい最近「ナイン」が外にお出ましになった。ここまでくれば、名前はただの記号だ。

名前がついているからといって、たとえばなつ子に対して、「なつ子」と呼びかけるわけではない。それはちょっと気持ち悪い。呼ぶときは、だれに対しても「コッコー」なのである。

ニワトリは新しい相手と出会うと、必ずどちらが強いのか対決する。それはどうも遺伝子に組み込まれているらしい。前に書いたが、なつ子はピヨピヨに負けた。かな子にも負けた。かな子はピヨピヨにも勝ち、三羽の中で頂点に立った。一番強いのが卵を産まないのはまずい、産卵箱に入っているのはポーズだという説もある。

そこに四羽目が参入した。さっそく総当たり戦が開始され、かな子とぶつかった。あっというまに決着がつき、負けたのはかな子だった。ニワトリの決闘は、お互いに向き合い、羽をばたつかせて敵より高く跳び上がり、相手のトサカや後頭部に喰らいつく。そして、悲鳴をあげさせたほうが勝ちだ。

かな子を下した四羽目は、なつ子をにらみつけた。三羽の頂点にいたかな子が負けたのだから、戦わずして勝敗は決したも同じだ。二羽が同時にジャンプしたとき、胸に痛みが走った。この儀式はニワトリ社会には欠かせないもので、だれにも止められない。

次の瞬間、なつ子の悲鳴があがるはずだった。ところが、なつ子は互角に渡り合った。再度の羽ばたきと跳躍、周囲に緊張が走り、土ぼこりが舞い立つ。ここで負けたら最下位に甘んじなければならない、負けるもんか、そんな気迫が伝わってきた。対決は、三度、四度に及び、ついに地面にひれ伏したのは四羽目のニワトリだった。

ここでなつ子が負けたら、五羽目、六羽目と放し飼い組の増員をためらったかもしれない。しかし、結果は違った。なつ子はそれ以来、五羽目、六羽目にも勝ち続けた。なかには負けるが勝ちというニワトリもいる。とにかくすばやく逃げ続けるのだ。追うなつ子のほうが疲れて、あきらめてしまう。

ニワトリ同士のリーグ戦を見ていると、お互いの相性やそのときの体調などで、上下関係が決するようだ。そして、その結果は、日常生活において決定的なことではない。負けた相手にはちょっと気配りして暮らすけれど、目の前にみみずが降ってきたら、だれと争おうと口に入れるという、単純で公平な関係がある。

卵をつくり出す力

なつ子とピヨピヨが外に出たのは秋の初めのころだった。一歩野外に出れば、食糧にはこと欠かない。いまは寒さの厳しい冬、みみずたちは地中にもぐっている。それでもニワトリたちは、枯れ草の下や地面をほじくり出して、何かをついばんでいる。そして五割の産卵率。暖かくなるまで命をつなぎとめるだけでなく、何かの力が卵をつくり出している。これは不思議だ。片や金網の中にいるニワトリたちは、飼い主からのみみずの差し入れも途絶えて、産卵率一割程度、放し飼い組との違いは明白だ。

もし自分の土地というものが手に入ったら、まずさまざまな果樹を植えたい。そして、柿や梅、スモモやアンズ、ぶどうやキウイフルーツの木の下に、ニワトリを放し飼いにする。ニワトリたちは狭い鶏舎から出て、羽を伸ばし、思い思いの場所に行って草や虫たちをついばむ。一日中の放し飼いにすると、畑用の鶏糞が貯まらないので、午後半日とかの解放になるが、それでもニワトリたちは、生まれてきた喜びをかみしめられるのではないか。

群馬県榛名《はるな》町の田島三夫さんは、平飼いではあるが、何百羽のニワトリたちを淘汰せず、生を全うするまで飼い続けている。長野県に住んで牛の爪切りを職業としている友人の中島重昭さんは、かつてニワトリを一羽放し飼いにしていた。二人の経験を聞くと、ニワトリは五年間ぐらいは卵を産むという。

自分でニワトリを飼うまでは、二人の話もつい聞き流していた。そこになつ子たちが現れて、ニワトリという存在、その命のまぶしさを、ぼくに教えてくれた。

ニワトリの世話は毎日の仕事だし、一日に二度も三度も鶏舎に足を運ぶ必要がある。わが家から通うことが苦にならず、ニワトリ飼いに適した場所が見つかるのか、なつ子たちが生きているうちに可能なのか、それはぼくにもわからない。なつ子たちのその後は、またの機会にお伝えしよう。

（『循環だより』一九九八年一二月号～一九九九年三月号）

雨の匂い

無農薬野菜も食べられなくなったAさん

まもなく二〇世紀が閉じられようとしている。この世紀は快適な生活を追求するあまり、やみくもに化学物質を生み出してきた時代だった。人びとの日常生活はいま、その化学物質にさらされ続けている。建築材料、家具、衣料、寝具、食器、食品、印刷物など、身のまわりのあらゆるものに、それらは組み込まれていて、ぼくたちは化学物質の影響をまぬがれることは到底できない。たとえば水道水を口にするだけで、二〇〇種類以上の化学物質を摂り込むことになるという。

一日一〇〇〇種類以上の化学物質を体内に摂り込んでいることが、健康に害を及ぼさないはずがない。原因不明で体の不調を訴える人が現れてきた。「化学物質過敏症」というのがその病名だ。体内に入った化学物質が、その人の解毒力や抵抗力の能力を超えてしまうと、その化学物質に対して、ごく微量でも異常な反応を示すようになり、めまい、頭痛、発熱、吐き気などに襲われるといわれる。

北里大学医学部の宮田幹夫教授は、化学物質過敏症治療の第一人者だ。教授によると、潜在患者は全国で一〇〇〇万人にのぼるらしい。しつこい疲れがなかなかとれない、のぼせやほてりがひどい、アレルギーが出る、会社に行くと頭痛やめまいがする。そんな症状があるときは、化学物質過敏症を疑ってみる必要があるという。

わが農場の野菜会員であるAさんは、重度の化学物質過敏症と診断された。唯一の治療方法は、化学物質の摂り込みをできるだけ減らすことである。住宅環境を改善する、衣料品に注意を払う、安全な食べものを選択する、ストレスを避けて休養をとる、規則正しい生活と充分な睡眠をとる、適度に体を動かすなど日常生活に気をつけ、自分の体の「身体防御機構」を高めていくのだ。しかし、たとえば住宅環境の改善といっても、容易ではない。彼女はパートナーの職業上、都心の官舎で暮らしている。個人でその環境を変えることはとてもむずかしい。

化学物質過敏症をシリーズで特集した『朝日新聞』(夕刊)の記事(九八年一一月三〇日〜一二月四日「見えない汚染」)によると、国は「病気の概念が確立していない」と対策に腰が重く、病院でも「心の病」や「更年期障害」と誤診されがちで、家族にさえ変人や怠け者扱いされるケースがあるという。そういう社会にあって、ストレスを避け、症状を和らげていくのは、どれほど大変かと思う。

彼女は生協に加入し、安心して食べられる食品や無農薬野菜を購入した。しかし、体調はすぐれず、食べられるものがしだいに限られていく。合成保存料や着色料が無添加でも、原材料の素材に化学物質が混入しているからだ。農薬や化学肥料を用いずに育てられた野菜でも、その畑に投入される堆肥や有機質肥料の素材そのものに、すでにたくさんの化学物質が入り込んでいる。

Aさんをぼくに紹介してくれたのは、もう二十数年、有機農業を実践してきた柳川泰子《やすこ》さんだ。無農薬野菜は天候や病虫害の影響を受けやすく、せっかく作付けしても出荷できない場合がある。泰子さんがつきあっているある生協は、そういう場合の欠品をなくすために、多少農薬は使用してくださいと言うらしい。泰子さんは、それでもあくまで無農薬栽培を貫いている信頼のおける人だ。

その泰子さんが、野菜のことで相談があるという。わが家は、自分の野菜がないときには泰子さんに野菜を分けてもらうなど、お世話になることは多々あるが、泰子さんの相談にのれることなどないと思っていた。

相談とはAさんのことだった。化学物質過敏症が進行し、同じ無農薬野菜でも、体が受けつけるものと、そうでないものとに分かれていったそうだ。受けつけるものをたどっていくと、泰子さんの野菜だとわかった。Aさんは泰子さんに事情を話し、特別に直接、宅配便で野菜を送ってもらう。だが、その泰子さんの野菜も、しだいに食べられなくなっていく。

「小泉さんの野菜は牛糞の堆肥を使っていないから、もしかしたら食べられるかもしれない。だから送ってくれる?」

食べるものが限られてきたAさんを、泰子さんは自分のことのように気づかっていた。

触ることはできたぼくの野菜

循環農場を始めるとき、環境ホルモンの問題や化学物質過敏症のことは、まったく知らなかった。しかしながら、堆肥の素材や家畜の飼料などに混入している化学物質の存在に不安を感じ、それまでの有機農業からの脱却をめざした。種から無農薬、飼料から無農薬、肥料から無農薬という目標をかかげたのは、そんな野菜を待っている人がいると漠然と感じていたからだ。それが泰子さんの話で現実のものとなってきて、ぼくの心はとても緊張していた。

以前、わが家の野菜が品不足のとき、泰子さんの小松菜を分けていただいたことがある。畑で葉をちぎって食べてみると、アクがなく甘みがあり、それはそれはおいしいものだった。正直言って、「これは負けたわ」と感じたものだ。その泰子さんの野菜を受けつけないという。

わが家の畑と、泰子さんの畑を比較しても、むしろわが家の畑のほうが、隣接する農地からの農薬の影響が考えられる。それに、牛糞堆肥の使用をやめてまだ一年も経っていなかった。泰子さんにそういう実状を話したが、「でも、とにかく一度送ってみて」という言葉には人を動かす力があった。

数日後、野菜を詰め合わせる箱を一つ増やして、Aさん宛に送る。そして二日後、とても気になったので、失礼とは思いながら、こちらから電話をかけさせてもらった。

「やはり食べられませんでした。気を悪くしないでくださいね。でも、部屋の中に置いておくことはできるし、触ることもできるので、やっと子どもに料理をつくってあげられます。いままではそれもだめだったんです。ですから、続けて送ってください」

そして、二度目に送った数日後、今度はAさんのほうから電話がかかってくる。

「心配かけてすみません。野菜、食べられるようになりました。とてもおいしいです。ですからMセットでなくて、Lセットを送ってください。あっ、それからヘチマって初めて食べたんですけれど、おいしいんですね。ありがとうございました」

うれしい知らせだった。電話の向こうの声がとてもはずんでいた。

Aさんが話していたヘチマというのは、キュウリぐらいの大きさのヘチマの幼果である。沖縄の人びとは、炒めたり味噌汁に入れたりして真夏に食べるのだが、トロリと甘く、得がたい味なのだ。沖縄を訪れたとき、そのおいしさを覚えたのがきっかけで、ニガウリと同様、夏野菜の一品として毎年作付けしている。

ともかく、ここ数年悪戦苦闘してきたことが報われたような、そんなAさんからの知らせだった。しかし、報われるほどの結果が、そう短時間で出るわけがない。まだ、農場内での循環の、ほんの入り口にたどりついた段階なのだ。実際、事態はそんな甘いものではないということを、その後、知らされることになる。

Aさんがわが家の野菜を食べられたのは、結局、電話のときの一回だけだろうか。ふたたび食べられなくなる。もしかしたら、野菜を詰めるときに段ボール箱の上下に入れる新聞紙のせいかもしれないということで、新聞紙を抜いて送ったが、結果は同じであった。当然といえば当然のことだ。

牛糞堆肥の使用はやめたが、肥料として油かすを購入し、それを発酵させて畑に入れている。油かすの原料は、アメリカなどで農薬や化学肥料を用いて生産されたもので、当然ながらさまざまな化学物質が含まれている。

ある日、Aさんから手紙が届いた。封筒の宛名が鉛筆で書かれている。もちろん、文面も同様だった。

「ボールペンが持てないので、エンピツ書きで申し訳ございません。身体が受けつけるのは、天然のきのこや、野生の米、自生している野菜や果物だけなんです。外に出ることができれば、山に行ったり、探しに行ったりできるのですが、洋服も靴も車も電車もだめなので、困ってしまいます。化学物質過敏症って、本当に不思議な病気です。時代はどんどん新しく変わりつつあるのに、身体が求めるものは昔のものだけなんて……。小泉さんのところの野菜、食べられなくなってしまって本当に残念です。こんな消費者で申し訳ないですが、家族のために、もうしばらく野菜を送ってください」

申し訳ないのは、こちら側だ。そして、励まされているのも、こちら側だ。Aさんは何度もこう言ってくれる。

「私が触れるって、大変なことなんですよ。ふつうの無農薬野菜では、部屋に置いておくこともできないんですから」

Aさんが食べられる野菜をつくれるのは、どのくらい先になるのだろうか。

山芋を送る

自家産の穀物を食べたニワトリの糞が肥料として使えるのは、もう少し先のことだ。しかし、ニワトリが食べているものをAさんの身体は受けつけないのだから、その糞とて充分ではない。Aさんが食べられるものが生産できるのは、かなり先の話だとして、いまどうするのか。天然のきのこや野生の食べものでいいのなら、ぼくの得意分野だ。

Aさんに野菜を送る日、ちょっと時間をさいて、野山にもぐりこんでみた。収穫物は山百合の根二個、山芋一本。野菜に加えて発送した。

Aさんからお礼の手紙が届いた。ぼくは読み進んでいくうちに、うなり声をあげていた。山芋に雨の匂いを感じたと書いてあったからだ。

「山芋は本物で、感激です。雨の匂いが少ししますが、大丈夫。包丁を入れたり、すったりすると食べられないので、バキッと折ってかじってます。私の感じる味は、落ち葉の味、針葉樹の味、雨の味です」

山芋を掘り終えるころ、にわか雨が急に降ってきて、山芋の肌を濡らした。だからといって、だれがその山芋から雨の匂いを感じ取れるだろうか。

外出もできず、食べものも極端に制限された生活のなかで、感覚がとても鋭くなっていくのだろう。それは自分を守るためなのだ。食べて大丈夫なものなのかの判断を誤って口にすると、「目の前が真っ暗になって、一週間、口がきけず、ふるえ、めまい、動悸」と、大変な状態に陥ってしまう。

それにしても、「雨の匂い」とは、驚くべき嗅覚だ。「バキッと折って」かじるというのも衝撃的だ。

山芋はすりおろして、だし汁でのばすことによって、こくのある風味が引き出される。山芋そのものは、いたって淡泊だ。そこに「落ち葉の味、針葉樹の味」を感じるとは、恐れ入ってしまう。

「百合根、おいしかった。洗ってそのまま食べました。久々の果物の味、感激です。大事に大事にいただきます」

百合根を生で食べる、しかもそれが「果物の味」とは、これまた驚きだ。ぼくは山道でたき火をして、掘り取った百合根をそのまま焼いて食べたことはあるが、生食の経験はない。さっそく試食してみると、ほろ苦さと、かすかな甘みが感じられて、どこかしら果物の味を連想させる。

その後しばらく、Aさんへの発送のたびに山にもぐっては、山芋と百合根を探してきた。そして、季節的に山芋と百合根がなくなるころ、野菜に混ざっていたハコベが食べられたというので、今度は野原で野草を採取して送った。

「カラスノエンドウは豆の味、タンポポの花は甘いし、葉は少々苦かったけど、とってもおいしい。ノビルはものすごく甘くてびっくりです。根っこもあますところなく、全部いただいてます」

病んでいる畑

Aさんが食べられるものは、山のもの、野原のものだ。大気中には人間が生み出したさまざまな化学物質が浮遊していて、絶えず地上に着地しているが、山や野原はある程度の浄化能力も有していて、まだ大丈夫ということなのだろう。

それに比較すると畑がいかに病んでいるか、Aさんは身をもって知らせてくれる。わが家の野菜でも、ときとしてAさんが受けつけないものがある。

「今回のキャベツだけ、いつもと違う、他の野菜たちと違うみたいで、触れなかったんですが……。肥料がたくさんのような気がします」

実はそのキャベツを植えるとき、心配事があった。以前、その場所に牛糞堆肥を積んであったからだ。肥料分が強すぎてうまく育つだろうかという不安を感じながらも、他にキャベツを植える場所がなかった。キャベツは成長し、結球したが、Aさんはそのキャベツが育った環境をすぐに感じ取ったのだ。

また、わが家のキャベツがなかったある日、知合いの生産者から無農薬のキャベツを分けていただいて、箱の中に入れた。野菜のビラにはその事情を書いたが、Aさんはビラのインクに反応してしまうため、読むことはできない。野菜の届いた日にAさんから電話が入った。

「今回のキャベツ、何かヨーグルトのような匂いが強くて、部屋の中に置いておけないんです。なんとかベランダまで運んで、箱のふたを開けっ放しにしているのです。小泉さんの野菜以外は入れないでください」

ぼくたちはそのキャベツを触っても、何も感じなかった。感じたAさんが不健康で、感じなかったぼくたちが健康なのだろうか。

Aさんの体を診た気功の先生によると、その体はものすごく丈夫で、頑丈になっているという。何でも食べられて、それゆえに体を病む人もいれば、Aさんのようにほとんど何も食べられない状態なのに、生命を維持している人もいる。Aさんは化学物質過敏症というとてもつらい病気にかかり、その病気を気持ちのうえでは克服した。そこから発する何気ない言葉は、生命や健康、食などについての根本的な問いかけとなって、ぼくに届いてくる。

その後、Aさんの化学物質過敏症は進行していく。ついには過敏症を通り越して、何万人に一人の、むかしのものしか体質が受けつけない「先祖がえり」(通称)という病名をもらう身になった。

「ついに北里大学の宮田先生からも見放されてしまいました。ここまでひどくなっては、やはり開き直るしかないです。病気と仲よくつきあっていこうと思っています。いつか元気になったら畑の草取りを手伝わせてください」

季節は春から夏へと向かった。野山に出ても、食べられそうな山菜は見あたらない。スベリヒユやアカザは畑の雑草で、放置された野原にその姿はない。

こんなときのために、ひそかに春先、Aさん用の野菜を雑木林の日だまりの場所に植えておいた。ジャガイモ、キャベツ、レタスなど。そのころはまだ榎の木の新芽が開いていなかったので、雑木林の中は明るかった。しかし、木々の葉が茂るようになると、どの程度の陽の光がこれらの野菜たちに届くのか、心配だった。せめて小さなジャガイモ一個でもと思っていたが、結果はみごとにはずれる。

ひょろひょろと伸びた茎の下に、ジャガイモの姿は皆無だった。キャベツやレタスもただひょろりと薹立つだけ。とても食用にはならなかった。

もう一カ所、畑として耕したことのない場所で、野草に混じってサラダ菜とラディッシュが育ってくれたのだが、それもAさんの体は受けつけなかった。自家用野菜を不耕起、無肥料の自然農法で育てている知人がいる。こぼれ種で勝手に育った大根などを分けていただいて、Aさんにお送りしたが、その野菜も食べられなかったという。

そのころ、Aさんは事情があって住居を住み替えた。そのことも手伝って、体調はかなり落ち込んでいた。「野菜はもう食べられないかもしれない」と、電話の向こうで話していた。Aさんもつらいけど、ぼくも少しつらい。せめてもと、野原に咲いていたアカツメクサを野菜箱の隅に置いた。

〈おいしそう〉と体が言っています

そのうち野原の野草たちは、その土地を管理する人たちにきれいさっぱりと刈り取られて、アカツメクサも摘めなくなった。後から考えれば、桑の実もあったし、野イチゴもあったじゃないかと思うのだが、出荷のあわただしい合い間に、そこまで頭がまわらなかった。

Aさんに送るものがないと少々めげていたときに、手紙が届く。

「いままで自分はだめな人間だと思っていて、しかもこんな病気でなんて不幸なんだと、明るくしゃべっていても、ずーんと落ち込んでしまう……〈死にたい〉という気持ちのほうがたくさんありました」

「自分のなかで〈死〉に直面して……変な夢を見ました」

「体中のひとつひとつのパーツが〈がんばって、生きて！　がんばって！〉って言ってるような気がしたんです」

「いままで心と体は一つの生きものと思ってきましたが、私という存在のなかで、たくさんの生きものが生活してるんだ、だからみんなと仲よくしよう、いっしょに生きようと感じたんです。おかしいですよね。心臓や爪、手がしゃべるなんて、人間の身体がひとつの宇宙……って」

「いままで、自分（正確には自分ではないような気がします）をいじめるようなことばかりしてきました。マイナスの方向に考えることばかり。たくさんの生きもののなかに〈私〉がいるんだということに気がついてから、変な話〈私〉が大好きになりました」

「それを感じてから、ものすごく強くなりました。それから怒らなくなった。いや正確には、前よりだらしなくなったのかもしれません。でも、みんなが楽しく幸せならいいやって。もうすぐ小泉さんの作った野菜が食べられそうです。〈おいしそう〉と身体が言っていますから。いま、とても幸せな気分です。病気でよかった。生きていてよかった」

とてもうれしい知らせだった。Aさんが快方に向かっている。そして、わずかながらそのことに、うちの野菜が役立っている。読み進んでいるうちに、涙がとまらなくなった。

一カ月ほどして、Aさんはほぼ一年ぶりに、わが家の野菜を食べられるようになる。ヘチマと冬瓜《とうがん》とネギだった。

ヘチマは無肥料で育ったものだ。しかし、ヘチマの根は旺盛にあちこち伸びていっているだろうから、おとなりのエンツァイの肥料を吸っているかもしれない。冬瓜も無肥料で育ったものだ。昨年刈り取ったサツマイモの蔓と、カボチャの蔓を積んでおいたところの下で、太みみずが繁殖していた。これは無肥料でいけるだろうと判断して栽培したものだ。ネギは、他の場所は米ぬかを発酵させた肥料を入れたのだが、ある場所だけ、その肥料が足りなくなって、そのままにしておいたものだ。

その後、アサツキ、季節はずれのアスパラガス、種採り用に育てた米ナスと、無肥料で育った野菜たちがAさんの体に吸収された。

循環農場の歩みとともに、少しずつ衣服を脱ぐように、使用しなくなった肥料たち。牛糞堆肥、鶏糞、骨粉、そして今年(九九年)は油かすもやめた。購入したのは米ぬかだけ。わが家の畑から、ぼくが目標とする渓流のような野菜が生まれつつあるということだろうか。ここまでこられたのも、Aさんにめぐり会えたおかげだと、心の底から思っている。

(『循環だより』一九九九年四月号〜一一月号)

考える野菜たち

賢く育つ野菜たち

ジャガイモの花が咲き出し、もうすぐ収穫のときを迎えようとしているのに、地上に見える茎や葉は三〇センチほどの高さしかない。わが家以外のジャガイモ畑といえば、その何倍も地上部は茂り、畑全体が海原《うなばら》のようだ。

やはり、あまりにも肥料を減らしすぎたか。畝《うね》間も株間もはっきり見えるジャガイモ畑の前で腕組みしていると、通りがかった農家のおやじさんが、「これでは、ちょっとなあ」というまなざしで、会釈をして過ぎ去っていった。

ジャガイモ畑に入れたのは、落ち葉堆肥と、自家製の鶏糞に米ぬかを混ぜて発酵させた肥料。どちらも少量だった。なるべく外部から化学物質を畑に持ち込まないということで、牛糞堆肥も菜種油かすも自家産以外の鶏糞も使用しないと決めたのだから、やむを得ない。それでも、かつて、無肥料・不耕起の自然農法を試みたことがあったので、肥料が少ないとどのぐらいのジャガイモが穫れるかは予測がついていたはずだ。あまりにも無謀すぎたかもしれないと思うこともしきりだった。

ふつうジャガイモ栽培にはどのぐらいの肥料を入れればいいのか。野菜づくりの参考書を開いてみると、一〇アールあたり窒素分一二キロ、リン酸分八キロ、カリ分一〇キロとなっている。わが家が入れたものの肥料成分を計算すると、その四分の一にも満たないのではないだろうか。目の前の現実が、それを物語っている。

しかし、ぼくはそのジャガイモの姿にまったく絶望していたわけではなかった。いままで感じたことのない何かが、そこに潜んでいるような気もしていた。たしかに地上部は小ぢんまりとしているけれど、決して弱々しくない。葉にも張りがあり、植物全体がきりりとして姿勢がいい。まるでジャガイモが、ひとつの意志をもってじっくり考えながら成長しているかのような印象を受ける。

わずかな期待と大きな不安のなか、掘り取りのときが来た。もし収量が激減したら、野菜を待っている会員の方々になんとお詫びすればいいのだろう。

一株、二株と手で掘っていく。おや、決して悪い結果ではない。一株から三〜四個ほどのL級のイモが、ごろんごろんと顔を出した。しかも、一個一個がずっしりと重く、実が締まっている。近所の農家のおやじさんも、畑に掘り上げられたイモを見てバイクを止め、「これはいいイモだなあ」と驚いた様子で畑の中まで入ってきた。

肥料をたくさんあげれば成長の勢いは速く、どんどん茂っていく。しかも、だいたいは地上がポリフィルムに覆われているので、地温は上昇し、ジャガイモは考える間もなく肥大していく。当然ながら、ジャガイモは人間によって育てられている。一方、わが家のジャガイモは、生産者が変わり者なので、自ら育たなければならない。必死に毛根を伸ばし、わずかな養分を探し当て、少ない栄養をどう有効に使うか、じっくり考えながら生きていたのだ。

一〇アールあたりの収量は、一・二トンぐらいだった。牛糞堆肥や鶏糞などを使っていたときは三トン近く収穫したこともあったから、その点だけ見れば話にならない。しかし、味はよく、貯蔵中に腐らず、さらに年を越して二月や三月になっても張りのある肌を保ち、品質の面ではほれぼれとするイモだった。多くは穫らなくてもいいから、あんなイモをつくってみたいという見本のような作物だった。

考える野菜は、ジャガイモに限らない。購入する有機質肥料を米ぬかだけにしたのだから、畑は全般的に肥料不足に陥った。それでも、野菜たちは賢く育ったのだ。

ジャガイモの後作に播いた人参は、葉の大きさが一般の半分以下だったが、ポコッと引き抜くと、色、つや、形とも美しいのが飛び出してきた。秋から冬にかけてのほうれん草は、成長するのに三カ月以上もかかった。ところが、ひょんなことで大学の研究室で成分を分析してもらった結果に驚かされる。糖度は一七度と、りんご並みの甘さだった。ビタミンCは一〇〇グラム中一一五ミリグラムとイチゴよりも高く、鉄分は一〇〇グラム中八・九ミリグラムと、鶏のレバーに近い値。蓚酸値は水耕栽培のほうれん草と肩を並べた。そのほか、南瓜《かぼちゃ》、冬瓜《とうがん》、オクラ、小かぶ、大根など、畑のあちこちで考える野菜たちが誕生した。

「窒素肥料の過多を排す」とは、循環農場出発時の目標のひとつだった。有機農業であるにせよ、窒素過多の野菜は、食べる人の体に悪影響を及ぼす。また、畑にあり余った肥料分は、地下水、川や湖、海を汚染する。舟出した循環農場は、窒素過多どころか窒素不足の状態になった。そのとき救世主のように出現した考える野菜たち。ぼくはますます襟を正して、畑に向かわねばならない。

輪作の工夫

考える野菜たちを全般的にどう生み出すか、それがぼくの課題になった。肥料が少なければ生み出せるかといえば、そうではない。野菜たちは考えあぐねてしまう。下葉から黄ばんできて、もうこれ以上自分たちの力ではどうしようもないと訴える。

サツマイモや大豆など少肥でも育つものもあれば、玉ネギ、里芋、白菜、ブロッコリーなど、肥料不足だと大きくならなかったり、結球しなかったりするものもある。作物ごとに、またその作物を迎え入れる畑ごとに、まずは人間がよく考えなければならない。

たとえば、考えるジャガイモの前作は里芋、その前作はデントコーンだった。また今年(〇三年)のジャガイモで、前作がブロッコリーやカリフラワーだったところはあまりかんばしくなく、緑肥作物だったところはうまくいったというように、その作物の前作が何であるかが大きく影響する。つまり、どの作物の後にはどの作物が相性がいいか、またその後には何をもってくるかという輪作について、知恵をしぼらなければならないということだ。

有機農業で輪作を考える場合、組合せの判断基準となるのは、その作物が線虫を呼び込むのか、あるいは抑制するのかということではないだろうか。スイカやカボチャを収穫してから、試しにその根を抜いてみよう。その根には、びっくりするほど、ごつごつしたこぶがびっしりついているはずだ。スイカやカボチャはサツマイモネコブ線虫やキタネグサレ線虫を増殖させる性格をもっている。そのスイカやカボチャの後に白菜を植えると、畑に増殖した線虫が根の成長を阻害し、白菜はものにならなくなってしまう。

わが家では、キュウリやカボチャ、ナスやピーマンなど果菜類の後には、野生種のエンバクをつくることにしている。野生エンバクには線虫を減らす働きがある。また、青刈りして畑に鋤き込むことによって、堆肥の役割も果たしてくれる。野生のエンバクで一度畑を休ませ、土の状態を落ち着いたものにしてから、次の作物をつくる。つまり、カボチャ↓野生エンバク↓秋大根↓ジャガイモ↓葉物などという順番ができあがってくる。

考えるジャガイモの場合、整理するとこんな順番だった。デントコーン↓里芋↓ジャガイモ↓人参↓ネギ↓春大根。デントコーンには線虫を減らす効果があり、里芋は線虫たちを寄生させない。それでジャガイモ栽培まで畑が良好な状態を保てていて、少肥でもジャガイモが賢く育ったのだろう。

そのほか、わが家で輪作の核をなす作物にネギがある。ネギの後に春人参や春大根を作付けすると、線虫の被害を受けない、すらっとした美しいものが穫れる。ネギの代わりに、玉ネギでも、リーキでも、らっきょうでも、その後作は線虫の影響が目立たない。ユリ科の作物は、同じような性格をもっているのかもしれない。

線虫に対して効果のある作物は対抗植物と呼ばれ、現在五〇種以上が知られているという。有名なのは、ギニアグラス、スペクタビリス(ネマクリーン)、サンヘンプ(コブトリソウ)、ハブソウ、マリーゴールドなどだ。それらの作物を輪作のなかに組み入れ、畑を休ませながらゆっくりと作物をまわしていくことが望ましい。

考えるジャガイモと出会ってから、まもなく四年が経つ。循環農場は依然として少肥の状態で、野菜たちは考えたりあるいは考えあぐねたりしながら、試行錯誤して育っている。冬季に集める落ち葉の量は、四年前と比較すると何倍にも増えた。それが心強いところだ。一年間寝かせた落ち葉堆肥と米ぬかの手づくり発酵肥料が、いま循環農場の野菜たちを育てている。米ぬかは鶏糞や菜種油かすに比べると、窒素分が半分以下だ。しかし、リン酸分は両者より高く、カリウム分は肩を並べ、ミネラル分も豊富である。

野菜同士の輪作、あるいは対抗植物の緑肥作物も組み合わせ、畑の健康を保ち、落ち葉と米ぬかを上手に配分できれば、もう少しうまく考える野菜たちが生産できるかもしれない。

（『循環だより』二〇〇二年一二月号〜二〇〇三年二月号）

落ち葉温泉

四〇歳のとき、膝痛に苦しんだ。横になって寝ている分にはいいのだが、立って体重がかかると、左膝に痛みが走る。稲刈りを終え、天日干しした稲束を田んぼから上げて、いざ脱穀というときに、それは起こった。それからが大変だった。農作業は立って物を運んだり、しゃがんで草を取ったりと、膝を使う。ちょうど農閑期に向かうころだったので、日に何度か半身浴をしたり、ハリ治療を受けたりした。しかし、快方には向かわない。

検査入院で膝に内視鏡が入れられた。のぞかせてもらうと、膝の軟骨がガサガサとささくれだっている。軟骨が老化しているそうだ。「治りますか」と尋ねると、「治りませんね」と医者は答えた。

野菜を入れるプラスチックのコンテナに腰かけて、ほうれん草を収穫したり、やはりコンテナに腰かけて出荷の物を計ったりと、自分のできる仕事をと思っても、かえって足手まといだった。そこで、思い切って湯治に出かけることにする。

友人のロバート・リケットさんが那須の山奥の温泉まで、ぼくを運んでくれた。駐車場から旅館までは、それなりの距離の坂道。ぼくは杖を突きながら、ゆっくりと雪道を下りていった。湯治で治るだろうか、不安な気持ちを抱えながら。

その旅館では自炊もできて、長く滞在するには便利だった。日課は持ち込んだ米と野菜で食事をつくること、日に何度もゆったりと湯に浸かること、そして杖を突いての散歩。スケッチブックと水性の色鉛筆を持ち込んだので、冬の木立や山々を写し、コタツに入っては日記のように詩を書いていた。あふれる湯の量、静かな冬の湯治場。心も体もすっかり癒されて、三日目にして杖をはずして散歩できるまでに回復した。医者に治らないと言われたのに、どうしたことだろう。

結局、その宿に逗留したのは一〇日間。帰りは自分でバスや電車を乗り継いで家に戻った。それから四年ほど、冬になると一週間程度の湯治に出かけた。膝痛のおかげで、ぜいたくな時間を過ごさせてもらったわけだ。そのころは共同で有機農業を行っていた。また、牛糞堆肥を使っていたし、種は買っていたし、ビニールやポリマルチも使用していた。だから、いまの循環農場に比べれば、農作業に従事する時間に余裕があったのだ。

湯治によって膝が完治したわけではない。ただ、農作業で膝に必要以上の負担をかけない工夫、立ったり座ったりを交互に繰り返して作業したり、ある作業を半日行ったら、午後は違う作業にするとか、重たい物を持たないとか、だましだまし仕事をすることによって、乗り越えたのだ。そして、いつのまにか痛みを忘れ、循環農場に突入していった。自分で選んだとはいえ、待っていたのは働きずくめの毎日だ。納得するものをつくろうとすればするほど、時間がいくらあっても足りない。体の故障はいつ起きても不思議ではなかった。しかし、人間の体はうまくできている。好きなことを夢中でやっているかぎり、なかなか故障しない。嫌なこと、気のすすまないことを無理してやっていると、健康な人でも体調を崩してしまう。たとえ三六五日休む日がなくても、一日一日に変化があって、何かしら発見があって、光が感じられたら、体はうまく作用してくれる。もっとも、いくら好きなことでも限度を超えると、ストレスになる。そこの調整が大事だ。

循環農場がそれなりに軌道にのり、会員が増加し、畑を広げていったころ、とても夫婦二人では手がまわらないときがあった。やらなければならないことが目の前にいくつもぶら下がっていて、どう処理すればいいのか見えなかったのだ。そのとき、地元の会員の人にお願いして、時間給で草取りを手伝っていただくことができた。それによって、ぼくたちは自分の限界を超えてまで仕事をすることを避けられた。いまでは、その人たちなしには循環農場は成り立たない。

そのように多くの人に支えられていても、ときには無理をする。たとえば、気象との関係で明日は大霜が来るという場合、多少無理をしてでもサツマイモを掘り上げなければならない。トラクターでイモを掘り、コンテナに入れ、穴に貯蔵するという一連の作業を日が暮れる前に終了させなければというとき、つい重い物を一人で持ったりする。そして、また温泉に行かなければ治らないかなというほど、膝や股関節を痛めたりする。横になっていても身の置きどころがなく弱り果てたとき、ハッと思いついた。落ち葉堆肥に身をゆだねればいいのではないか。

落ち葉に米ぬかを混ぜて発酵している堆肥は、ちっとも汚いものではない。いつも四〇～五〇度の熱をもっている。その発酵熱を利用して、温泉代わりに体を横たえ、温めれば、もしかしたら治せるのではないか。

さっそく、落ち葉堆肥の上に、横になれるように少し窪みをつくった。そこに大きな蒲団を敷いて、衣服を着たまま横になる。両脇の余っている蒲団を体に巻きつけ、ちょうど温泉に入っているように、足や腰のあたりにも温かな堆肥を手で寄せる。

空を見上げ、雲の動きを目で追っているうちに、下から熱がポカポカ伝わってきて、サウナに入っているときのように全身からここちよい汗が流れ出る。お風呂や温泉には続けて何時間も入ってはいられないが、落ち葉温泉なら、うたた寝しながら、ときには金魚運動しながら、いつまでも入っていられる。

二時間を過ぎたあたりから、何か効いてきたかなという感じがした。その日、入っていたのは夕方三時間ほど。落ち葉温泉から上がると体がとっても軽くなった感じがして、心のなかに明るい光がさしこんでいた。家に戻って体の汗をふき、着替えをして夕食をいただく。お酒は飲まないで、お風呂に入り、早目に床についた。落ち葉の中で眠っている続きのようだった。

翌朝、目覚めると、体の痛みが消えていた。落ち葉の山がぼくの体を治してくれたのだ。疲れた畑の土を蘇らせてくれる落ち葉堆肥が、農民の体も治癒してくれる。

落ち葉の山での体験をまわりの人たちに話すと、何人かが落ち葉温泉に浸かりに来た。腰痛の人、膝痛の人、五十肩の人。みんな体に何らかの故障を抱えて生きている。喜んで入った人、半信半疑で入った人、落ち葉の山に横たわる窪みが少し深すぎたため、熱すぎて我慢しながら入った人、いろいろだ。

結果もさまざまだった。ぼくと同じように早く効果が現れた人、湯あたりのようになって寝込み、でも後で気がつくといつのまにか痛みがとれていた人、とても気持ちよく入れたけれど完治はしなかった人……。そして、効果が現れなかった人もいる。治療院を開くわけではないので、人のことはとりあえずいい。噂を聞いて、落ち葉の山の前に行列ができてもしょうがないしね。

とりあえず、ぼくは自分の体を落ち葉の力を借りて治す方法を見つけた。「湯治」といって山奥にひきこもるぜいたくなときを、差し迫って必要としなくなったのは少し寂しいけれど、自分の痛みを自分の方法で治せるって、すてきなことだ。

落ち葉を集める榎の森は毎年広がって、もう一ヘクタールほどになった。それにつれて集まる落ち葉の量も毎年倍増し、驚くほどの山になる。落ち葉の山は働き者だ。山全体が大きな温床になる。今年(〇三年)はすでにその熱を利用して、チコリや里芋の親の芽の軟化栽培に取り組んでみた。また、セロリやセロリアク、レタスやサラダ菜、コールラビーやキャベツが、落ち葉の山の上で芽を出している。さらに、これから、サツマイモや里芋の芽出し、ナスやピーマン、トマトなどの苗づくりにも活用する。

体を治し、苗を育て、畑の土を蘇らせてくれる落ち葉、いまや森は循環農場の生命線だ。

森と畑がつながっている
森と野菜がつながっている
森と体がつながっている
ぼくは森なしにはいられない
森から生まれ、森に生かされ、森に還っていく
それでいい

(『循環だより』二〇〇三年二月号~三月号)

未踏園

空いっぱいの果樹の花

小さな果樹園計画が進行している。一二月に植えたのはザクロ、カリン、ダイオウグミ、山桃、梅（南高）、柿（前川次郎）、キウイフルーツ（ヘイワード、トムリ）、ブドウ（デラウェアー、多摩ゆたか）、栗（銀寄）、桃（白鳳）、ネクタリン（フレーバートップ）、プラム（ビューティー）、スモモ（サンタローザ、太陽）、ブルーベリー（ジャージー、ブルーレイ）、木イチゴ（ファールゴールド）だ。

そして、三月に入ってから、新しい苗木が届いた。ヘーゼルナッツ、ビワ（田中）、リンゴ（千秋）、サクランボ（香夏錦、正光錦）、ブドウ（スチューベン）、栗（国見）、ポポー（サンフラワー、ウェールズ）、イチジク（ヌアールドカロン、ビオレーソリエス）、クランベリー、ハスカップ、コーネリアンチェリー（パイオニア）、柿（太秋）である。

果樹には、高木になるもの、中木のもの、低木のものとある。また、それぞれに性格が違う。日あたりを好むか、半日陰がいいか。水はけのいい場所がいいか、湿り気のある場所がいいか。一本でも結実するか、受粉樹がいるか。そして、暑さ、寒さにどれくらい耐えられるか。そんなことを頭に入れながら、それぞれの植える場所を考える。穴を掘って落ち葉堆肥を入れ、土を少しかぶせて、苗木を置く。たいがいは継ぎ木苗なので、その箇所は土から出るようにして植え込む。さらに、支柱を立て、強風に倒されないように紐でしばっておく。苗木が元気に育ってくれるようにと願いながら、少し緊張して。

一二月と三月に植えたのが三四本。キンカンとカボスは苗を購入してあるが、まだ植える場所が決まっていない。これから大実丸スグリ、アメリカングーズベリー、ジュンベリー、ユズ(多田錦)、ハッサク柑、スダチ、フェイジョア(ジェミニ、トライアンプ)の苗が届く予定だ。アンズ(信州大実)、夏みかん(川野夏ダイダイ、新甘夏)、梅(稲積)は、なんとか手に入れたい。ユスラウメ、レッドカーラント、ブラックベリーはどうしようかと思案中だ。だから、最終的には大小五〇本の果樹の木が並ぶことになる。

三月、小さな果樹園では昨年植えた南高梅が花を咲かせていた。桃やスモモなども花芽を膨らませているように見える。あと五年も経つと、次から次へと花を咲かせ、実をならせ、みごとだろうなあと、想像する。もう少ししたら、その横に出荷場が建つ予定だ。そして、ニワトリ小屋も。ニワトリたちは果樹園の中で放し飼いにされる。

空いっぱいの果樹の花
そうなればいいね
丘いっぱいの甘酸っぱい香り
そうなればいいね
口いっぱい、ほおばって、生きようね

五〇品種の果物のなかには、ぼくがまだ見たことも食べたこともないものが、いくつもある。クランベリー、ハスカップ、コーネリアンチェリー、ジュンベリー、フェイジョアなどだ。

たとえばフェイジョアとはどんな果樹なのかといえば、常緑低木、耐寒性普通、耐暑性強、日なたを好み、果実はとても上品なジャコウを思わせるような香りとキウイ以上の甘みがあり、西洋梨と桃をミックスしたような風味があるという。エキゾチックな花は食用にもなるそうだ。これは植えてみたい、となるでしょう。

ジュンベリーはどうか。落葉低木、耐寒性・耐暑性とも強、半日陰、ユスラウメほどの小果だが、甘くておいしい赤い実が房なりにつく。桜に似た美しい白い花や新緑、紅葉も楽しめるとある。これまた、植えてみようとなる。

野菜をつくれば二〇〇品種、ハーブに凝ればあれもこれもと育ててみて、食べられるきのこならばどんなものでも食べてみるという具合に、ただただ欲張りなんですね、私って。果樹をいろいろ植えてみて初めて、自分の性格に気がついたという次第。

いままで畑も借地、田んぼも宅地も森も、みんな借地で暮らしてきて、それでも自由に欲張って生きてきて、ただひとつままならなかったのが果樹。未踏園とは、土地を持たない自分の頭のなかの想像上の果樹園につけた名前だった。未《いま》だ踏み入らぬ楽園、色とりどりの花が咲き、さまざまな実が熟し、樹の下ではニワトリたちが虫をついばみ、山羊もいて、羊もいて、という場所。

そんな土地があればいいな。家や畑にも近くって、周囲の環境もなかなかで、しかも土地の価格が安くって、そんな物件がないものか。循環農場を始めたころからずっと探していたし、実際に何カ所も見に行った。しかし、なかなか決断できないでいた。

人と人のつながり

ところが、ある日、話は急展開する。畑を二・五ヘクタールほどまとめて借りている富里《とみさと》市久能《くのう》で、畑のそばで牛を飼っている清水敏男さんと立ち話をしていて、土地を探していると話したら、「探してやるよ」というのである。その地区は谷津田や里山が残っている穏やかな農村と、開発された住宅地が混在している。成田の市街にもわりと近く、地価は高いと聞いていた。とてもわが家には買えない場所と思っていただけに、驚きであった。一週間ほど経って、「見つかった」という。価格もぼくたちの予算より安くていいらしい。信じられない気持ちで、土地を見に行く日を迎える。

その場所は平坦な村のはずれのほうに位置していて、谷津田に近い静かな環境だ。日あたりもよく、緑にあふれていた。しかも、目の前には、その年から耕し始めた一・一ヘクタールの畑が広がっていて、わが家にとって申し分ない。少し考える時間が必要だったのは、その場所の問題ではなく、土地を持つことへのためらいみたいなものがどこかにあったからだった。

土地を持たないで生きることもいろいろ大変だけれど、土地を所有するということも、その土地に対する責任が生じるから、これまた大変だ。畑の行き帰りにその土地を何度も眺め、そこにそよぐ風や陽ざしの具合を感じながら、その土地とかかわる方向に、二人の気持ちは固まっていく。

三十数人の会員から出発した循環農場も、五年ほど経って当初の六倍もの会員の食と健康にたずさわるようになり、東峰の自宅脇の狭い出荷場での作業は限界を迎えていた。野犬やタヌキに襲われるなどして中断を余儀なくされたニワトリの放し飼いも、万全の状態で再出発できる新しい場所を必要としていた。そして、未踏園も。あの日、牛を飼っている村の人に話をしたそのときから、方向は決まっていたのだ。

想像上の果樹園から、現実の果樹園計画に足を踏み入れて、まだ月日が浅く、自分の土地だという実感はあまりない。果樹が根を張り、枝を伸ばしていく年月とともに、ぼく自身も根を張っていくのだろう。借地であろうと所有地であろうと、地球という生命体から大地を借りていることに変わりはない。若いときは一〇年先を考えることは想像もできなかったけれど、いまならむずかしいことではない。そういう時間の尺度は、果樹から教わったのかもしれない。

東峰の家から車で二〇分の富里市に土地を求め、果樹を植え、出荷場を建てるというと、大半の人は「そのうち、そちらに住むんですか」と聞く。東峰の自宅は成田空港の暫定滑走路にもっとも近く、上空四〇メートルをバリバリバリと轟音をたててジェット機が飛んでいく。常識ではとても人間の住める環境ではないから、そういう質問が出ても不思議ではない。

しかし、ぼくには東峰部落を去るという気はない。東峰には三〇年も住まって、気がつくとすっかり動かしようのない根を下ろしているのだ。他の地に土地を求めると、よけいにその根の所在がわかる。東峰の地に骨を埋めようなどと思ったことは一度もなく、ただこの地が好きだから住み続けてきたことが、逆にいつのまにか大きな根になっていた。

東峰にも何本かの果樹の木がある。石井武《たけし》さんから借りている畑に、梅、アンズ、柿、スモモ、山桃が、そして島村昭治《しょうじ》さんから借りている宅地にイチジクとユズがある。そのユズの木は、木の根部落の小川直克《なおかつ》さんからもらった。直さんが「ユズの木二本、人からもらったんだけれど、一本植えてみないか」と持ってきてくれたのだ。

果樹のなかで、ユズほど実をつけるまで長い年月を要するものはない。その間に直さんは病気に倒れ、一命を取りとめたが、後遺症に悩まされた。「オラ、しょうないよ」というのが口ぐせだった。ユズの木をもらって一七〜一八年経ったろうか。ある秋の日、ふとユズの木の濃緑の葉の陰にぼんやりと黄色いものが見えた。

「もしかして、ユズが」

あまりにも長い年月を待っていたので、信じられない気持ちで近づいて見ると、一個の実が輝いているではないか。一個見つかると、そのそばにももう一個、少し離れてもう一個と、心躍る発見があった。「ちょっと、こっちこっち」と美代さんを呼ぶ。ユズの輝きは、直さんが病気から回復した知らせでもあった。

富里の久能地区の畑に通うようになったのは、直さんの紹介があったからだ。畑のないぼくのことを気遣ってくれて、親類の大竹義雄《よしお》さんの畑を借りられるよう、骨を折ってくれた。それはかれこれ一五年前の、ユズの苗木をもらってまもないころで、直さんも働き盛りだった。

　大竹さんの畑まで車で二〇分、毎日毎日通うこと十数年。畑の近所で牛を飼っている清水さんと挨拶を交わすようになり、その清水さんの紹介で、未踏園の土地を見つけられた。大栄町や多古町で土地を探したこともあって、そのときは高柳さんや佐藤さんたちにとてもお世話になった。たくさんの人のおかげで、果樹の苗木を植えられたのだ。

　想像上の果樹園では考えられなかった人が、そのうち果樹園の中を駆けめぐる。それは孫の廉《れん》ちゃんだ。いつかぼくが年老いて、せっかく柿の実がなっても取れないとき、「じいちゃん、取ってやるよ」と、サッカーボールを蹴って柿の実を落としてくれるかもしれない。それはちょっと乱暴な言い方かな。するすると木登りして、ちゃんともいでくれるだろう。もしかしたら、その廉ちゃんの子どもも果樹園でニワトリたちを追いかけ回すかもしれない。

　いい加減に生きてきて、孫の登場など考えられなかった人間が、ちゃっかりひ孫のことまで考え出した。まだ小さな苗木が並ぶだけの場所ではあるけれど、未踏園にいるとすべてが許されるような気持ちになってくる。


（『循環だより』二〇〇三年三月号～五月号）

鴨が来る田んぼ

夜のパーティー会場?

日が暮れてから田んぼに向かうなんて、ホタル狩りをするとき以外はなかったことだ。時間は夜の八時、少し小雨の降る日で、杉木立の坂道は真っ暗闇だった。

坂の上に車を止めて、音を立てないようにドアを閉める。ほとんど何も見えなかったが、歩き慣れた道なので、つまずくことはない。坂の途中で、田んぼが垣間見える場所がある。新月を過ぎたばかりなのに、空はうっすらと明るく、空を映して水面は妙に輝いていた。その水面に波紋が広がっている。

鴨が泳いでいるのだ。「グェグェ」と楽しそうに声をあげ、連れだって泳いでいる。いったい何羽いるのだろう、ぼくの関心事はそれだった。一昨年(〇一年)が二十数羽、昨年が約五〇羽、今年はもしかして一〇〇羽? あんまり大勢だと、ご遠慮願うしかない。

四年ほど前から野生の鴨が自然とわが家の田んぼに集まるようになって、草取りをする必要がなくなった。取っても取っても取りきれなかった草が、鴨が泳ぎ回ることによって、奇跡のようになくなったのだ。でも、喜んでばかりはいられなかった。あんまり集まりすぎて、植えた稲まで踏みつけてしまうようになったからだ。

五〇羽の鴨が自由奔放に泳いだりもぐったりするのだから、たまらない。きれいに手植えした田んぼが、ただの沼地になってしまう。せめて田植え後、苗がしっかり活着する二週間ぐらいまでは、お手やわらかに願いたい。夜、田んぼを訪れたのは、何羽程度の鴨がやってきたのか知りたかったのと、鴨の入場を制限する秘策を試してみるためだった。

いくら田んぼが明るく感じられたとしても、それは空を映した部分だけで、とても鴨の数を数えられるほどの明るさはない。少し足音をたてながら田んぼに降りていくと、「バサバサバサ」と音をたてて、驚いたように暗闇から飛び立った。これでは羽数なんてわからないなあと思いながら、ふと上を見ると、飛び立った鴨たちが編隊を組んで谷津田の上空を旋回している姿がくっきり見える。

一羽、二羽、三羽と、ぼくはあわてて数え出した。谷津田の空の大きなスクリーンに映し出された映像に見とれながら、でもしっかりと。数は五〇羽。倍々と増えてきたから一〇〇羽のおそれもあったのに、よかったというか。

しかし、五〇羽もいれば、昨年と同じように田んぼの五分の一は何もない沼地になってしまう。これを試してみるかと、ぼくは手に持っていたトランジスタラジオのスイッチを入れた。ニュースを読み上げるアナウンサーの声が、鴨たちのいなくなった夜の田んぼに流れる。

戻ってきた鴨は、この声を聞いて、どう反応するだろうか。だれかがいると思って、夜の遊び場を変えてくれれば、しめたものだ。音量を最小にして、ぼくはその場を離れた。翌朝、田んぼに鳥の姿はなく、ラジオだけが流れていた。うまくいったのかもしれない。

ずっとスイッチを入れっ放しにしておくと、電池がなくなってしまうので、昼間はラジオを引き上げる。その夕方、またラジオを置きにきて、次の日引き上げてと、数日繰り返した。わが家から車で約五分のところにある田んぼでも、農繁期にはなかなか毎日は通えない。ラジオの電池もなくなってきたようだし、しばらく入場制限を解いて様子を見てみることにした。

それから一〇日ほど経ったろうか、また夜の田んぼを訪問してみた。今度は美代さんもいっしょだ。いつものように車を降り、ドアを静かに閉めて、坂の途中まで降りる。

「よく、こんな暗い道を歩けるわね」

美代さんがぼくの腕につかまってくる。おっとっと、今夜はデートが目的ではない。鴨たちのその後の観察に来たのだ。

その夜、確認したのは二三羽。夜の団らんを邪魔した者は、だれなのか。谷津田の上空からぼくらを見下ろしながら、闇の中に消えていった。

「半数に減ったのだから、それなりにトランジスタラジオの効果があったのかもしれない」

少しほっとしながら、ぼくらは暗い坂道を上っていった。

その後、何度か水の見回りも兼ねて朝方、田んぼを訪れた。田んぼにいるのは、青サギや白サギたちで、鴨たちの姿はない。でも、田んぼの水はいつも濁っていて、夜中騒ぎ回っていた跡があった。鴨たちにとって、この田んぼは夜のパーティー会場なのかもしれない。早朝めいめいに別れて、また夜ここで会おうねと。

きっかけは鴨猟

どうしてわが家の田んぼに、こうも鴨たちが集まるようになったのか。人里から少し離れた奥まった谷津田であること、ずっと農薬を使っていないので、ドジョウやオタマジャクシなど食べものが豊富であること、周囲の田んぼに比べて五〇日ぐらい田植えが遅いので、周囲が中干しで水がなくなったころに満面と水をたたえていること、などなどが考えられる。

でも、そもそものきっかけは、皮肉にも鴨猟にあったのではないだろうか。このあたりでは、冬のある一定期間、鴨猟が解禁になる。もちろん、許可をもらった者にだけ許される猟だが。それを生業にしている人がいること、そういう猟があることは、六〜七年前に実際わが家の田んぼを舞台にして鴨猟をしていた近隣の農民から教わった。

そのころ手がまわらなくて、田んぼの一部を休耕にしていたことがある。雑草が生え放題で、冬になると実を落とした草たちがべたっと田んぼに寝ていた。その人は雑草を片付け、冬の田んぼに水を張って、猟場をつくった。

「こういう田んぼに鴨が集まってくるんだよ、雑草の実を食べにね。くず米を少しバラまいておくと、喜んでやってくるんだ」

その人は、そう言って田んぼの中に入り、くず米をバラまき、そして田んぼを横断するように、カスミ網をかけた。

「こうして暗くなるまで待つんだ。山の中に隠れていて、鴨が引っかかったら、懐中電灯をつけて捕まえるのさ」

これで捕まったのが鴨南になるのかなと思うと、鴨たちがかわいそうだ。しかし、むかしからその地域の農民たちの冬の仕事だということだから、ぼくがどうこう言うことではなかった。それがきっかけで、鴨たちがこの田んぼに関心を寄せたとしたら、むしろ感謝しなくてはならない。

自分の田んぼに野生の鴨を呼びたいのなら、冬の間、水を張っておいて、くず米でもバラまいておけば、可能性がある。ただし、くず米だけ食べてサヨナラということもあるかもしれない。鴨が気に入って、初夏もその場所を訪れ、草取りをしてくれるかどうかは、保証のかぎりではない。それでも、やってみる価値はあるよ。なにせ、田植えしてから二カ月半ほど何もしなくても、お米が育ってくれるのだから。

除草機押しや腰を曲げての草取りは、つらくもあり、楽しくもある。けれど、汗を流して頑張っても、一週間後には前と同じ状態に戻っているという、なんともため息の出るありさまで、最終的には稲が草に負けてしまう結末が待っていた。今年こそはと思ってもなかなか展望の開けなかった米づくりが、こんなに楽になって、だれの計らいなのでしょう。

田んぼを増やそうか

先日、久しぶりに田んぼに降りてみた。もう周囲の田では稲刈りが始まっているのに、わが田んぼでは、ようやく穂が出そろったばかりだ。畦道の草を刈り、水を抜いて、一カ月先の稲刈りの準備をする。田んぼにはほとんど草がない。六枚の田んぼのうち、鴨たちのお気に入りの一枚は、四分の一ぐらいが沼地になっていた。その程度なら、お礼として鴨たちにさしあげたと思えばいいことだ。一本の欠株も許せないという性格の方にはとんでもないことであろうが、畑作中心、田んぼは食うだけ獲れれば充分という私どもには、ありがたい結果だった。

谷津田の中にぽつんと稲が残って、スズメにやられてしまわないかと心配の方もいらっしゃろう。ところがどっこい、この田んぼには鴨は来るけれど、なぜかスズメは来ないのだ。憎いでしょう。

この田んぼに通うこと二十数年、食うだけ獲れればいいけれど、それだけも獲れないこともあって、田んぼはときどき夫婦のけんかの種だった。畑仕事が忙しすぎて、ゆっくり田んぼに向き合えないのだ。どこかでだれかがその二人の様子をうかがっていて、鴨を遣わしてくれたのか、お礼の申しようもない。

ここに来て、ぼくたちの田んぼの周辺で休耕田が増えてきた。おとなりの田んぼも、二年ほど稲がない。鴨たちの手を借りて、田んぼを増やそうか。そんな考えがもたげてくる。心が洗われるような谷津田の風景を維持したい。鴨が来る田んぼの米を会員の人たちにも食べてもらいたい。もちろん、一人ではできないことではあるが。

（『循環だより』二〇〇三年七月号～一〇月号）

自家採種の歌

野菜の出荷作業をしていて、歌が突然うかんできた。ナスのつややかな紫色、赤栗カボチャの鮮やかな朱色、ピーマンの生き生きとした緑色、色だけでなく形にも見とれて、ついつい歌がとび出した。

♪自分で採った種で
育った野菜たちは
なんて美しいのでしょうか

キュウリも自家採種、オクラも自家採種、トマトも、循環菜（ターツァイの交雑種を選抜し、筆者が命名）も、翡翠菜《ひすい》（チンゲンサイの交雑種を選抜し、筆者が命名）も、バジルも、シソも。まだまだ、まだまだ、自家採種の野菜たちで畑が彩られる。

無農薬の種を畑に播きたい。それがぼくの自家採種の出発点だった。種を媒介して病気が伝染するためもあって、市販の種は消毒して売られている。無農薬の種は自分で採るしかない。ありがたいことに、となりの町の親切な種屋さんが、嫌な顔ひとつせずに、ぼくの固定種集めを応援してくれた。そして、いつのまにか約一二〇品種。自分が栽培する野菜の七割近くになった。

自分でつくった落ち葉と米ぬかの堆肥や肥料を下地にして、自分で採った種を播き、育てる。収穫するうれしさは、ひとしおだ。心の底からの喜びや解放感が歌を生んだのだろう。

でも、自家採種はたやすくはない。少量多品種栽培のめまぐるしい合い間をぬって、ひと手間かけなければならない。かけられないと、いろいろ失敗してしまう。種が交雑してしまったり、せっかく種が熟すところまでいったのにスズメに食べられてしまったり、保存中にゾウムシに喰われたり、畑に播いても発芽しなかったりと、さんざんな結果が待っている。歌が自然と生まれるまでには、ため息まじりの多難な道のりがあったのじゃ。

交雑を避けるには、わが家の借地農業は好都合だった。現在、耕作しているのは三・七ヘクタール、約一〇カ所に散らばっているからだ。それでも、いくつかの畑の近所には家庭菜園があったりして、野菜の花を咲かせる人もいるので、アブラ菜科の種採りはネットをかけておく必要がある。スズメよけにもネットは不可欠だ。強風に倒されないように、支柱立ても忘れてはならない。ゾウムシ対策には、冷蔵庫にしまうのが万全だ。このごろ、よく使う品種は一度にたくさん採り、半分は冷蔵庫、あとの半分は冷凍庫に入れておく。そうすると、発芽力を失わせないで長期間保存できる。

わが家の野菜会員は約一八〇名。毎週食べてくださる方もいれば、隔週の人や月一回利用する人もいる。野菜を詰め合わせた箱の一番上には、その日の野菜の食べ方を書いた「今日の野菜」という印刷物が入る。双葉のマーク（）が各野菜の名前の前についていたら、その野菜は自家採種を用いたということだ。〇三年九月二五日の「今日の野菜」の中身を例に出そう。

双葉マークが、唐ノ芋の親と茎、ニラ、葉生姜、根生姜、東京晩生《ばんせい》ネギ、中長ナス、米ナス、ピーマン（この三つは交雑選抜種）、オクラ（レディフィンガー）、エレガントサマー（葉柄を食べるサツマイモ）、ツル菜、大浦太ゴボウ、シソの穂、八ツ房トウガラシ、レモングラス。そして、自家採種ではないのが、ジャガイモ、金港四寸人参、玉ネギ、ちょうほう菜（小松菜系の交配種）、万願寺トウガラシだった。金港四寸人参と万願寺トウガラシは、〇四年には双葉マークになる。

一〇〇％自家採種が目的なわけではない。もう少しのようで、そこがむずかしい。

できるところから、できるだけ、ワクワクしながら近づきたい。楽しみ、楽しみ。

先日、大雨のなかで野菜の収穫作業をした。カッパを着ていても、ずぶ濡れ。家に戻って着替えて、お茶を飲んでいるときに、ラジオから歌謡曲が流れてきた。むかしの歌か、いまの歌かわからない妙なその歌に、美代さんはこう言った。

「これでも歌なんだから、この曲に比べれば自家採種の歌は立派な歌よ。私、雨のなかでずっと口ずさみながら野菜を穫っていたわ」

一週間に三日は野菜の出荷日と決まっていて、雨が降ろうが、雪が降ろうが、収穫する。前もってわかっていれば前日に穫ることができる野菜もあるが、すべてというわけにはいかない。天気予報が当たらないこともある。雨のなかでの作業は、見ようによっては大変な仕事だ。何でこんな日に、と思って見ている人もいるだろう。よもや美しい野菜たちに感動して、歌を唄いながら仕事をしているなんて、想像もつかないだろう。

ぼくは美代さんの話を聞いて、涙をおさえることができなかった。そして、いまさら言うのも恥ずかしいが、この人といっしょになって本当によかったと思った。

試行錯誤のあとさき

『みみず物語』を書き始めて九年になる。循環農場の出発を前後するその年月は、霧の中を手さぐりで歩いているようで、思いつきで書いたこと、きちんと調べないで書いたことも多々あった。少し整理しておきたい。

資源は無限

雑木林で刈り取った篠竹を動力切断機で刻んでから発酵させ、「篠竹堆肥」をつくろうと思いつき、実際に動力切断機で刻んでみた。でも、音がうるさく、作業能率も悪く、またモーターを回すエネルギーのことなど考えると、あまりいい方法ではない。結局、落葉はきのために刈り取った篠竹や真竹は林のあちこちに積んでおくことにした。それが一〇年ほどの歳月を経て、下のほうからしだいに分解され、ボロボロになり、土に近い状態になってきた。

「折れた鍬の柄でも、畑に埋めておけば肥やしになるって、むかしの人は言ったもんだ」

山で落ち葉はきをしていると、必ずといっていいほど立ち寄ってくれる近所の梅沢勘一《かんいち》さんが、何度か語ってくれた言葉だ。

竹も一〇年経てば土に戻る。それなら、台風でなぎ倒された杉の木だって十数年経てば土に戻るだろう。そう思いたって、田んぼの周囲の山を片付けるとき、倒れた杉の木も、低い雑木も、落ち葉も、林にある一切合切を一つの山にして積んでみた。作業は循環農場の出発のころから手伝ってもらっている石毛勇人《はやと》さんにお願いしたが、十数年後が楽しみだ。林の周辺ではクワガタの幼虫がそれらの分解にかかわり、大活躍をしてくれる。大地の上に生えるものは、時間をかければ何でも堆肥になる。循環農場の資源は無限にある。

「万次郎」をやめた

「万次郎」カボチャの種は、一〇年前で一粒約四〇〇円した。種の価格としてはとても高価だ。それでも、一回目の試作で二〇粒を取り寄せて苗をつくり、畑に定植して、一株から約七〇〇個の「万次郎」を収穫したのだから、七五〇〇円の種価格は許せると思った。ところが、年を追うごとに上がっていき、五年ほどで一粒八〇〇円になる。これには頭をかしげざるを得なかった。

問い合わせてみると、「研究費がかかるので」と言う。ぼくは納得できなくて、「万次郎」

づくりをやめた。代わってつくり出したのは「新土佐」カボチャだった。これは古くからある品種で、「万次郎」と同じく、西洋カボチャと日本カボチャを掛け合わせた種間雑種の一代交配種。やはり生育の勢いはみごとだった。種代は一粒何十円かで、それはそれはお得だ。

いまカボチャの主流は、糖度が高くホクホクとした品種だ。それには「万次郎」も「新土佐」もかなわない。だから、循環農場のカボチャやトウモロコシがおいしくないと言って、会員をやめる人がときたまおられる。ぼくにはそれを止める手立てはない。おいしくないと思われたら、しかたがない。

糖度が高くホクホクとした品種は、耐病性に劣る。そのため、ポリマルチやビニールトンネルで雨よけ栽培をしなければならない。そして、一般的には農薬が欠かせない。北海道など梅雨のない地域では露地栽培も可能だと思うが、他の地域ではそうはいかない。

その点、「新土佐」は放っておいてもぐんぐん育つ。ぼくは充分おいしいと感じている。こんなに甘いものがあふれている世の中で、どうして野菜にまでとことん甘さを求めるのだろうか。「黄モチ」トウモロコシも、「新土佐」カボチャも、そのものの味を楽しめばいいのにと思う。

みみずとモグラの深い関係

自然農法を試みていたとき、年ごとに増えてきたみみずがモグラの襲来で一夜にして食べ尽くされたときはショックだった。また、ニワトリにみみずを与えようと、野菜くずや雑草を積んでおいた場所も、モグラに荒らされて、モグラなんて大嫌いだと正直思ったことがある。

なんとかモグラ対策をと考えて、みみずの筏《いかだ》なるものをつくった。地面の上に野菜くずや雑草を積んでおいただけでは、その山にモグラが侵入してくる。そこで、地面と山との間に真竹を敷きつめて、モグラよけをもうけたのだ。これで、たしかにみみずたちの安全は確保された。しかし、筏の上で野菜くずや雑草が分解され、最終的に残った土の山は驚くほど硬かった。

いままで畑の隅に堆積しておいた同様のものがわりとフカフカとしていたのは、モグラが食糧を探して四方八方に穴を掘り進んでいたせいだったのだ。モグラのおかげで、その山の中に空気が送られ、水分も調整されていたわけである。

モグラさん、すみません。ぼくはあなたの一面しか見ていなかった。

モグラのエサは半分以上がみみずだが、コガネムシの幼虫や蛾のサナギも食べるそうで、害虫退治もしてくれている。また、みみずを殺さないで貯蔵しておく部屋をもっていたり、トイレもつくっていたりと、なかなか賢い動物だ。

土の上に落ち葉を積んでおくと、ものすごい数の太みみずが地面から湧いてきて、分解してくれる。発酵によって落ち葉が内側から分解され、太みみずによって外側から分解されている。太みみずは、踏み込んだ落ち葉の層を貫通して上ってくるわけではない。竹製の堆肥枠沿いに落ち葉の山に上る。落ち葉層を貫通して動き回るのはモグラさんだ。落ち葉堆肥づくりにモグラさんも一役かってくれている。みみずがモグラに食べられるのは自然の摂理だ。それでも、みみずは生きていく。

身土不二を貫きたい

自分なりに二〇年間続けてきた有機農業が大きな壁にぶつかったとき、ぼくを救ってくれたのは「循環」という言葉だった。ニワトリの飼料を自分でつくり、その鶏糞を畑に戻して野菜を産み出す。そうすれば、輸入作物に依存している日本の有機農業の現状から脱却できる。有機農業というのは農薬や化学肥料を用いないで作物を育てることだが、同時に「身土不二」も大切だ。その地で穫れたものを、その地で食すということ、生産と消費がかけ離れないことである。

千葉で生産された卵の飼料が国外から来たものだとすれば、それは身土不二だろうか。その地が育んだもので家畜や野菜が産み出される。種も、エサも、肥やしも、その地と深いかかわりがあって、出現してくる豊かな農産物。それは、土と空気と水と、ありとあらゆる生きものや菌と、気候風土が合同で創作した、まさに滋養に富むものだ。

身土不二ということを、単に生産物と、その地域の人びとの食生活との関係だけでなしに、もっと掘り下げて、ニワトリにとっての身土不二、野菜にとっての身土不二、土壌微生物にとっての身土不二という具合に考える。そのとき、有機農業という方法が一層輝いてくるのではないだろうか。農薬や土壌消毒剤、化学肥料を用いたのでは、身土不二の関係を自ら絶っていることになるのだから。

「ひとつの循環の構想」では、飼料用サツマイモ→ニワトリ→鶏糞→野菜という方法を提案した。それから七年、机上の考えは現実のなかで篩にかけられ、さまざまな循環のあり方のひとつの方法として待機中だ。

これから未踏園にニワトリ小屋を建て、多くて三〇羽ほどの羽数で放し飼いを試みてみたい。穀物をいくら与えても、それが卵に結びつくわけではない。どうしても動物性のタンパク質(魚粉)や植物性のタンパク質(大豆粕)を与えないと卵を産まないのだ。それの自給はむずかしい。だから放し飼いで、みみずや虫をニワトリ自ら捕え、卵をなす環境をもうけなければならない。当然ながら、三〇羽の鶏糞、しかも放し飼いでは、そこから得られる肥料は微々たるものだ。でも、その先に何かが見えてくるかもしれない。

いま循環農場の野菜を育てているものは、落ち葉、雑草、野菜くず、そして米ぬかだ。米ぬかは、地元のお米屋さんが自分で精米したときに出るものを運んできてくれる。もちろん有料だ。最近では解体されたカヤぶき屋根のカヤが集まるようになり、数年かけて堆肥になるだろう。

雑木林で集めた落ち葉が太みみずたちによってボロボロになったものに、少量の米ぬかを混ぜて、堆肥をつくる。思わず「おいしそう!」と叫んでしまう。循環の輪はまだ完結していないけれど、輸入穀物に依存しない有機農業という目標には手が届いたと思っている。

線虫あれこれ

作物が線虫の被害に遭ったかどうか、大根や人参、ゴボウなどは、引き抜いてみれば判別できる。二股になっていたり、もっとたくさん根が分かれていたりするからだ。しかし、里芋が線虫の被害を受けたかどうか見分けるのはむずかしい。

「考える野菜たち」で「里芋は線虫たちを寄生させない」と書いたが、その後、線虫に関する資料を見て、誤りであることがわかった。里芋にも線虫がつくのだ。

線虫は、肉眼では見えない。顕微鏡でのぞくと、小さな糸状の虫だという。一生を寄生植物と密着して過ごす。植物の中に棲むものや外から栄養分を吸い取るものがあって、線虫がつくと株全体がいじけ、生育が悪くなる。外見上、それが線虫によるものか、他の病害虫によるものか、わかりにくい場合もある。また、線虫がつけた傷から病原体が侵入することもよくあるらしい。

『有機農法百科』（ロジャー・イェプセン編、龍岡豊訳、時事通信社、一九七〇年）によると、線虫に抵抗性のある植物は、アメリカで広く栽培されているもののなかで、ブロッコリー、芽キャベツ、カラシ、アサツキ、クレス（コショウ草）、ニンニク、ニラ、ほおずき、ルタバガ（スウェーデンかぶ）などだという。また、同書によると、土壌中には植物に寄生しない線虫も多種類あるという。そして、線虫を捕食する線虫がいたり、コガネムシ、ハムシ、バッタ、ハサミムシなどの害虫に寄生する、益虫としての線虫も存在するそうだ。線虫の天敵としてはハダニやカビ、小さなアメーバなど数多くあって、土の中でさまざまな生きものたちの営みが繰り返されている。

マガモとカルガモ

最後に、「鴨が来る田んぼ」で知らなすぎたことがあった。冬の田んぼで猟師さんが捕えた鴨はマガモで、夏わが家の田んぼで草取りをしてくれたのはカルガモであるということだ。

マガモは重要な猟鳥のひとつで、北半球に広く分布し、日本付近では北海道、千島列島などで繁殖し、関東には冬鳥として渡来する。カルガモは留鳥《りゅうちょう》で、本州以南の低地でふつうに繁殖し、夏鴨とも呼ばれている。おもに夜間活動するという。これは、親切な農機具屋さんの高橋清貴《きよたか》さんが教えてくれた。「もう少し調べてから書けよ」と言われそうである。

冬に田んぼに水を溜め、鴨を呼び寄せても、やってくるのはマガモで、それは田んぼが始まるころには北の国に帰ってしまう。それでも、留鳥のカルガモも冬の田んぼにやってくることもあるだろうから、冬季湛水は意義があるかもしれない。それに、珍しい水辺の鳥たちに出会えることだってある。まあ、試してみる価値はありそうだ。

（『循環だより』二〇〇三年一〇月号～一二月号）

あとがき

『百姓物語』（晶文社）を出したのが、一九八九年。そのころから、ぼくはみみずになりかけていた。みみずになって、嫌な時代をやり過ごそうとしたのだ。でも、みみずでいるのも、ときとして楽ではなかった。

そんなとき、三里塚の労農合宿所にいた吉澤茂さんが「何か書いてみないかい」とすすめてくれて、彼が編集していた『三里塚情報』に「みみず物語」を書き始めた。吉澤さんの誘いがなければ、まだまだみみずでいたかもしれない。書くという作業で考えを整理し、時代をやり過ごすだけでなく、次の時代をぼくなりに切り開くことができたと思っている。

『三里塚情報』終刊後は、「水牛」の八巻美恵さんがインターネット上の図書館「青空文庫」に載せてくれて、プリントアウトされたものを、わが家の野菜を送るときに付けるビラに掲載した。

今回の出版にあたっては、花崎晶さん、コモンズの大江正章さん、デザインをしてくれた原美穂さんに、大変お世話になった。本にする約束をしてから二年以上、ぼくの遅筆と怠慢で延びに延びて、ご迷惑をおかけしたことをお詫びしたい。

みみずになって、地表を動きながら、循環という言葉と出会った。ストレスのない農業に向かうことで、ぼくは精神の均衡を取り戻した。みみずが生み出した黒々とした土、森の匂い、大気のしめり、湧き出す水、たくさんの生きものたち。それらは、ありがたい存在だった。そして、何よりも、たくさんの人びとに支えられていまの循環農場があることに感謝しなければならない。

三里塚のことにもう少しふれたかったが、ぼくにはまだその筆力がない。いずれ、と思っている。ひとつだけ報告させてもらうと、「よねを忘れない」で書いた畑が、場所こそ違え、東峰の部落のなかに戻ってきた。その経緯も書きたかったが、それも次の宿題にしよう。

いま、わが家の上空四〇メートルをすさまじい轟音をたてて、ジェット機が往来している。こんな内陸の地に飛行場を造る過ちは、いくら既成事実が進んでも、消えることはない。

よねの畑を取り戻すのに二五年かかった。この東峰の部落に静けさを取り戻すのに、あと何十年かかるのだろう。地球という生命体のなかの、ひとつの小さな生きものとして恥じない汗を流しながら、その日を待ちたい。

小泉　英政

二〇〇四年一月

〈著者紹介〉

小泉英政（こいずみ・ひでまさ）

1948年　北海道の開拓農家に生まれる。
1971年　成田空港反対運動で三里塚に住みつく。
1973年　強制執行をうけた小泉（大木）よねの養子になり、農業を始める。
1976年　三里塚微生物農法の会・ワンパックグループ（通称「三里塚ワンパック」を結成）。
1997年　小泉循環農場を始める。
主　著　『百姓物語』（晶文社、1989年）。

みみず物語

二〇〇四年二月一〇日　初版発行

著　者　小泉英政

発行者　大江正章
発行所　コモンズ
編集協力　花崎　晶

東京都新宿区下落合一―五―一〇―一〇〇二
TEL〇三（五三八六）六九七二
FAX〇三（五三八六）六九四五
info@commonsonline.co.jp
http://www.commonsonline.co.jp/

振替　〇〇一一〇―五―四〇〇一二〇
印刷／亜細亜印刷・製本／東京美術紙工
乱丁・落丁はお取り替えいたします。
ISBN4-906640-73-7　C0095